生物炭配施氮肥改善
春玉米土壤理化性质的调控机制

孟繁昊　著

中国农业科学技术出版社

图书在版编目（CIP）数据

生物炭配施氮肥改善春玉米土壤理化性质的调控机制／孟繁昊著. --北京：中国农业科学技术出版社，2022.5

ISBN 978-7-5116-5733-6

Ⅰ.①生… Ⅱ.①孟… Ⅲ.①活性炭-氮肥-影响-春玉米-耕作土壤-研究 Ⅳ.①S513

中国版本图书馆 CIP 数据核字（2022）第 062831 号

责任编辑	倪小勋　穆玉红
责任校对	马广洋
责任印制	姜义伟　王思文

出 版 者	中国农业科学技术出版社
	北京市中关村南大街 12 号　邮编：100081
电　　话	(010)82106626(编辑室)　(010)82109702(发行部)
	(010)82109709(读者服务部)
网　　址	http://www.CASTP.cn
经 销 者	各地新华书店
印 刷 者	北京建宏印刷有限公司
开　　本	170 mm×240 mm　1/16
印　　张	6.75
字　　数	150 千字
版　　次	2022 年 5 月第 1 版　2022 年 5 月第 1 次印刷
定　　价	45.00 元

前　　言

　　氮是影响作物生长和产量形成的主要因素之一。随着全球人口的不断增长，粮食需求压力持续增加，在耕地资源有限的前提下，增加氮肥施入量已成为人们提高产量的首要选择，预计到 2050 年，世界氮肥需求量将从目前的 1 亿 t 增长到 2.36 亿 t。氮肥的大量施用不仅使氮肥的吸收利用效率降低，氮肥在土壤中的盈余，也给生态环境带来沉重压力。为此，亟须通过合理氮肥运筹，提高氮肥吸收利用效率，从而实现减氮增效和环境友好。

　　玉米（*Zea mays* L.）作为我国三大粮食作物之一，是满足粮食需求的物质保障，持续稳定的玉米高产将是我国粮食安全永恒的主题。玉米同时也是内蒙古自治区的第一大作物，其种植面积、总产量和单产水平均居自治区粮食作物之首。玉米的大面积种植伴随而来的是大量的秸秆堆积，目前虽有一些地区利用秸秆养畜，但从总体看，浪费量仍占大多数。未来如何从利用农业有机废物的角度，节约农业成本的同时减少氮肥施用，维持农业系统的养分平衡，改善肥料管理，通过培肥地力提高土壤生产潜力，实现增产与环境保护的双赢将是 21 世纪需要面临的挑战。

　　生物炭（Biochar）是指由农林废弃物等生物质在缺氧条件下，经过 200~700 ℃温度热裂解生成的产物。一般由碳、氢、氧、氮、磷、钾、硫等元素组成，其中以碳元素为主要元素，平均含碳量为 64%。生物炭的结构特征为高度羧酸酯化、芳香化结构，这使其具有极强的抗氧化能力和吸附能力。生物炭的富碳组成及稳定的芳香烃结构使其理化性质稳定，施入土壤中可保持上百年，这是生物炭具有"碳封存"功能且可持续发挥作用的结构基础。质轻多孔和巨大的比表面积使得生物炭在施入土壤后，可改变土壤的通气性和保水保肥能力，同时也为微生物提供了更多的生存空间。生物炭独特的结构特征和理化性质对土壤容重、孔隙度、含水量等物理结构性质以及碳氮储量、阳离子交换量、养分含量等化学性质产生影响，同时直接或间接影响土壤生物学性质。由于生物炭材料来源广泛，且多为农业废弃物，可作为农业上还田改土、提高作物产量以及减少碳排放量的理想材料。

本书通过分析生物炭配施氮肥和单独施入对土壤理化性质和春玉米生长影响的差异，明确配施对土壤性质和春玉米产量的效用。在此基础上，通过生物炭和氮肥的不同配比对土壤理化性质的调控，进一步揭示土壤物理结构、碳氮养分状况、生物学性质的变化规律以及春玉米干物质和氮素积累的生理机制，明确综合改良土壤条件和保障春玉米高产高效的有效途径，进一步挖掘春玉米生产潜力。

本书的研究成果和出版得到了国家重点研发计划项目（2017YFD0300800，2017YFD0300805）、内蒙古自治区自然科学基金项目（2021BS03005）、内蒙古自治区高等学校科学技术研究项目（NJZY21444）、内蒙古民族大学博士科研启动基金（BS556）等相关课题资助，研究内容的开展和书稿的撰写得到了内蒙古民族大学杨恒山教授、内蒙古农业大学高聚林教授的悉心指导，内蒙古民族大学张玉芹教授、张瑞富教授、范秀艳副教授、邰继承副教授、萨如拉副教授、李媛媛副教授、葛选良博士、高鑫博士、刘晶高级实验师、李维敏实验师，内蒙古农业大学王志刚教授、于晓芳副教授、孙继颖副教授等的大力支持。在此书稿付印之际，谨向项目资助单位和参与试验的相关人员表示衷心感谢！

孟繁昊

2022 年 1 月

目　　录

第一章 概 述

第一节 农业生产中的氮肥利用现状

一、氮肥的理论研究和利用现状

氮是限制作物生长和形成产量的首要因素，而氮肥作为农田土壤氮素的主要输入形式，对粮食作物产量的贡献率占 50%左右[1]。随着全球人口的不断增长，作物产量需求不断提高，预计到 2050 年，世界氮肥需求量将从目前的 1 亿 t 增长到 2.36 亿 t[2]。氮肥的大量施用打破了自然界氮素的平衡，氮素盈余急剧增加，氮肥利用率下降、土壤环境污染等负面影响不断凸显[3-5]。范明生等[6]研究表明，不施或低量施氮，会造成作物产量的显著下降和土壤氮素亏缺；高量施氮虽然维持了作物产量，但产量并未进一步增加，盈余的氮素损失出土壤—作物系统，从而增加了环境风险。为此，人们通过改变氮肥用量和施入时间、与有机肥料配施等措施合理施氮，实现增产增效与环境友好的协同发展。Ju 等[7]通过小麦—玉米轮作试验表明，通过合理的养分管理，可在保证作物不减产的情况下最多减少 60%的氮肥用量。Chen 等[8]研究认为，综合管理土壤和作物系统，在维持当前农户施肥量不变的情况下，可提高玉米产量 92%。

二、合理利用氮肥的重要性

在中国，人口迅速增长和耕地面积严重不足使提高单产成为提高粮食作物产量的关键措施。21 世纪以来，中国通过大量使用化学肥料来获得更高的单产，对氮肥的依赖使中国氮肥消耗一度占据全球的 1/3，氮肥的过度使用使肥料利用效率下降，更造成了土壤板结、有机质减少等一系列问题，提高氮肥利用效率，可持续地利用耕地已经成为中国保障粮食安全的首要问题[9]。

玉米（*Zea mays* L.）作为我国三大粮食作物之一，是满足粮食需求的物质保障，持续稳定的玉米高产将是我国粮食安全永恒的主题[10]。玉米同时也是内蒙古自治区的第一大作物，其种植面积、总产量、单产水平均居自治区粮食作物之首[11]。内蒙古玉米种植面积自 2000 年的 151.89 万 hm^2 增长至 2015 年的 340.72 万 hm^2，翻倍扩张，但 2016 年响应国家提出的农业供给侧结构性改革，内蒙古全区玉米种植面积减至 320.88 万 hm^2，非优势优质产区玉米生产规模的减少对高产区的单产提出了新的要求[12]。2006—2009 年，内蒙古平原灌区 52 个点次小面积玉米高产田实测产量均在 15 t/hm^2 以上，最高产量达 20.1 t/hm^2，连续刷新东北内蒙古春玉米区高产纪录，并且，内蒙古光温理论产量具有赶超世界玉米最高单产纪录的潜力和优势[13]，挖掘高产潜力，提高玉米单产水平，是近年来作物栽培领域的研究热点之一。

内蒙古玉米的大面积种植伴随而来的是大量的秸秆堆积，目前虽有一些地区利用秸秆养畜，但从总体看，浪费量仍占大多数[14]。未来如何从利用农业有机废物的角度，节约农业成本的同时减少氮肥施用，维持农业系统的养分平衡，改善肥料管理，通过培肥地力提高土壤生产潜力，实现增产与环境保护的双赢将是 21 世纪需要面临的挑战。

第二节　生物炭及其在农业生产中的应用

一、生物炭简介

几千年前，亚马孙河流域的人们以动植物的废弃物为原料，通过森林大火等方式生成了一种特殊的黑土壤，这种土壤极为肥沃，且能够修复贫瘠土壤，被广泛应用于农业，亚马孙河流域的黑土壤之所以维持了几千年的肥沃正是由于其中含有较高的碳元素，且土壤结构更为合理，土壤生产力的提升促进了作物生长[15]。后来，经过科学试验证明，这种黑土中的"黑"即为现代人们所说的生物炭[16,17]。

随着人们对生物炭研究的不断深入，国内外逐渐形成了明确的概念，生物炭（Biochar）是指由农林废弃物等生物质在缺氧条件下，经过 200 ~ 700 ℃ 温度热裂解生成的产物[18,19]。一般由碳、氢、氧、氮、磷、钾、硫等元素组成，其中以碳元素为主要元素[20]，含量在 30% ~ 90%，平均为 64%，来源不同的生物炭含碳量由大到小依次是木质、秸秆和壳类[21]。生物炭的结构特征为高度羧酸酯化、芳香化结构，这使其具有极强的抗氧化能力和吸附能力[22-24]。另外，生物炭在热裂解过程中很好地保留了生物质的良好孔隙结构，多微孔结构决定了其较大的比表面积和强吸附能力[25]。

二、生物炭在农业生产中的应用

中国作为发展中国家，高效合理地利用废弃资源，是经济快速发展的重要途径。中国每年可产生6亿~7亿t作物秸秆，但秸秆的有效利用率却不足50%[26]，每年大量的秸秆焚烧不仅造成资源的浪费，也引起严重的大气和水环境污染问题。而将作物秸秆烧制成生物炭还田，不仅可回收利用废弃资源，还可以有效改善土壤结构、增加土壤保水保肥能力，同时也可起到农田碳增汇减排的作用。

生物炭的富碳组成及稳定的芳香烃结构使其理化性质稳定，施入土壤中可保持上百年[27]，这是生物炭具有"碳封存"功能且可持续发挥作用的结构基础。质轻多孔和巨大的比表面积在施入土壤后，可改变土壤的通气性和保水保肥能力，同时也为微生物提供了更多的生存空间。生物炭独特的结构特征和理化性质对土壤容重、孔隙度、含水量等物理结构性质以及碳氮储量、阳离子交换量、养分含量等化学性质产生影响[28,29]，同时直接或间接影响土壤生物学性质。由于生物炭材料来源广泛，且多为农业废弃物，可作为农业上还田改土、提高作物产量以及减少碳排放量的理想材料。

第三节 生物炭配施氮肥对土壤环境和作物生长的研究进展

一、生物炭配施氮肥调控土壤物理结构

生物炭与氮肥的互作效应主要源于生物炭的特殊组成和结构特性。生物炭质轻多孔，施入土壤后可直接降低土壤容重，增加土壤孔隙度，改善土壤三相比。

生物炭由于其特殊组成可直接影响土壤物理性质，其在烧制过程中保留的庞大微孔结构和巨大的比表面积对提高土壤结构性有积极作用[30]。刘志华等[31]研究结果显示，生物炭能够使土壤容重降低6.0%~7.2%，总孔隙

度增加 9.0% ~ 12.3%，进而改变土壤通气状况，改善土壤结构性。容重和孔隙度是衡量土壤物理结构的重要指标，更是直接决定土壤固相值和气相值的关键指标。

同时，生物炭的多微孔结构使其具有高吸附能力[32]，可有效增加土壤持水性能，即提高了土壤液相值，根据理想土壤三相比，液相值为 25%，而试验土壤液相值小于 25%，提高液相值即接近理想土壤比例。刘圆等[33]通过小麦—玉米轮作四季后发现，施用 6.75 ~ 11.30 t/hm² 生物炭使土壤含水量增加 5.16% ~ 20.20%，试验结果说明，生物炭改良土壤通气条件和水分状况是改善潮土性质，促进作物生长的主要原因。

二、生物炭配施氮肥影响土壤化学性质

生物炭和氮配施通过直接提供碳氮源进而提高土壤碳、氮储量和碳氮比。土壤有机碳（SOC）虽然在土壤中含量较少，却是土壤养分的重要组成部分，且始终处于不断分解和形成过程中，对耕作方式和施肥措施的响应也较敏感[34]。增加 SOC 含量，可有效改善土壤团聚体结构和养分组成，从而提高肥料的利用效率和土壤的供养能力。生物炭含碳量通常在 60% 以上，玉米秸秆烧制的生物炭一般含碳量在 70% 以上[21]，且本身的芳香烃结构稳定，施入土壤后成为土壤中最难分解的 SOC[35]，在短期内不会发生明显的化学变化，起到"碳封存"的作用[36]。

同时，生物炭的极强吸附力还可吸附大量的硝态氮和铵离子，增加土壤全氮（TN）含量，降低氮素损失[37]。高德才等的大田试验[38]表明，生物炭配施氮肥较单独施氮显著降低了各种形式的氮素径流流失，并且通过土柱试验[39]证明，生物炭可推迟 NO_3^- 和 TN 淋失达到高峰的时间，起到缓释氮肥的作用，这对提高氮肥利用效率具有重要意义。

土壤有效态碳、氮随生物炭和氮肥施用量的增加持续增加，且碳氮配施效果优于单独施用。敏感易变的有机碳组分虽然仅占总有机碳的小部分，却对土壤肥力起着重要作用，土壤水溶性有机碳（DOC）作为 SOC 中较活跃的部分，能够反映短时间内 SOC 对土壤施肥或耕作措施变化的响应[40,41]。研究表明，生物炭通过其本身含有的少部分活性有机碳可直接增加 DOC 含量，同时多孔和较大的比表面积结构能够吸附一部分土壤中的活性有机碳[42]。但是，战秀梅等[43]通过 4 年连续试验发现，随着生物炭施用量的增加，SOC 和 DOC 虽然均有所增加，但 DOC 的增幅小于 SOC，这是由于生物炭本身富含有机碳，但主要是不宜发生化学变化的惰性有机碳，活性有机碳含

量较少。但作为有效态碳，其增幅较总碳增幅更能代表土壤短期内的供养能力，为提高有效态增幅。宋大利等[44]研究结果认为，施氮量过高时增加了碳的微生物固定，减少了 DOC 的含量[45]，因此以适量生物炭和氮配施为最佳。

土壤中的无机态氮含量很少，表土中一般只占总氮的 1%~2%，最多不超过 5%，但由于其是少数能够被植物直接吸收的氮素形式，在土壤中的含量直接关系土壤的供氮能力。土壤硝态氮（NO_3^-）和铵态氮（NH_4^+）作为主要的无机氮形式，受耕作措施和施肥方式影响较大，易淋溶和挥发，研究其变化规律对提高土壤供氮能力和作物增产增效具有重要意义。土壤有机氮的矿化和施入土壤的肥料氮被生物固持后的再矿化均是土壤无机氮的主要来源[46]，生物炭主要是通过改变氮素的固持和矿化来提高氮素的有效性。Lehmann 等[47]研究发现，生物质炭对 NO_3^- 具有相当强的吸附特性，可以显著减少土壤养分的淋溶损失量；Wang 等[48]研究表明，土壤 NO_3^- 含量随生物炭施用量的增加而增加，而对 NH_4^+ 含量无显著影响；尚杰等[49]研究结果表明，随生物炭施用量增加，NO_3^- 含量和 NH_4^+ 含量显著增加。

生物炭配施氮肥改善土壤结构，提高土壤碳氮储量，增加土壤供氮能力等过程之间相辅相成。生物炭和氮肥配施改善了土壤结构性，合理的三相比增加了土壤保水保肥能力，使新增的土壤碳氮能够较好地保存在耕层土壤中，提高了土壤供氮潜力；而且，生物炭和氮肥配施保持了较高的土壤持水性能，使易溶于水的无机氮也随之增加，提高了土壤供氮能力。综上所述，从改良土壤物理性质和提高土壤碳、氮储量的角度来看，秸秆生物炭还田的同时配施氮肥对土壤的改良效果更好，且以适量配施效果最佳。

三、生物炭配施氮肥改善土壤生物学性质

生物炭的富碳组成为微生物活动提供了碳源，而多微孔结构为微生物生存和繁殖提供了减少外界危害以及相互间竞争的独立空间，同时碳源的增加改变了土壤碳氮比，使微生物能够利用更多的氮源，从而显著增加微生物数量和活性，加速催化土壤生化反应[50]。

近年来的研究表明，在配施氮肥后，生物炭和氮互作的良好作用可有效改良土壤理化性质，改善土壤微生态环境，为提高根系的养分吸收和作物生长发育提供了基础[51,52]。生物炭和氮肥配施后改善土壤结构性，为微生物提供了良好的生存环境；碳氮含量的增加为微生物繁殖提供了所需的碳氮源，但碳氮源单一过量会使微生物的碳氮比例失衡，因一方的缺失而不能满足微生物正常活动，抑制了微生物的数量和活性。微生物分解过程中，对土

壤氮素转化的作用主要与被降解底物的 C/N 有关，如果添加物的 C/N 超过微生物的 C/N，微生物需吸收土壤中的无机氮维持代谢活动；如果添加物质的 C/N 小于微生物的 C/N，微生物将通过矿化作用释放氮素增加土壤无机氮含量[53]。研究表明[54]，维持微生物正常活动需要消耗 20~25 份碳和 1 份氮，当碳源过剩而氮源相对不足时，土壤固有的碳氮比例失衡，微生物只能根据氮的数量来形成细胞物质，此时，微生物数量达不到最高值，对有机质的分解也受到影响，如果此时向土壤加入无机氮以补充氮的不足，则微生物数量有所增加。但提高微生物数量的最佳生物炭和氮肥用量与施用原材料以及土壤质地、肥力等因素有关[55,56]。

土壤酶是微生物的主要产物，也是土壤微生态环境的重要组成部分，其活性能够反映土壤中各种生物化学过程的强度和方向，被认为是可以表征土壤肥力的重要指标。当前生物炭和氮肥对于土壤酶活性的研究主要集中在与土壤碳、氮循环以及微生物活性有关的几种酶上。蔗糖酶（SU）参与 SOC 循环，且能够促进糖类的水解；脲酶（UR）催化尿素水解成氨，可表征土壤的供氮强度；过氧化氢酶（CAT）通过酶促反应水解过氧化氢，一定程度上可以反映土壤生物氧化过程的强弱以及生物活性的强度。陈心想等[57]研究指出，生物炭可显著提高小麦—玉米轮作两季作物土壤 UR 和 CAT 活性，但对 SU 活性影响不显著；顾美英等[58]通过生物炭对新疆沙土土壤酶活性的研究表明，添加 67.5~112.5 t/hm² 生物炭能够显著提高沙土土壤 SU 和 CAT 活性，但对 UR 活性影响不明显；也有研究表明，玉米秸秆生物炭对提高 UR 活性影响显著。前人研究结果不尽相同，这主要由于生物炭对土壤酶活性的影响受其原料的制备过程、土壤类型以及土壤生物活性因子等众多因素共同决定。

四、生物炭配施氮肥影响作物产量和氮效率

近年来，生物炭配施氮肥的研究相对较少，主要集中在作物增产以及节约化肥用量等方面。宋大利等[44]通过对小麦—夏玉米轮作的华北地区土壤研究认为，短期内生物炭配施氮肥可显著提升土壤有机碳、全氮、可溶性有机碳及微生物碳含量，生物炭配施氮肥较常规量单独施氮增产 17.2% ~ 22.7%，节约氮肥 33%。徐晓楠等[59]研究指出，生物炭配施氮磷钾肥可提高花生干物质和养分含量，进而影响花生产量，是花生培肥土壤增产增效的有效手段。刘祖香[60]研究表明，油菜和红薯的产量随着生物炭和氮肥用量的增加而增加，施用 40 t/hm² 生物黑炭与 120 kg/hm² 氮肥时产量最高，而等量的生物炭配施 60 kg/hm² 氮肥时，氮肥对产量的贡献最大。Zhang 等[61]

研究认为小麦秸秆生物炭与尿素配施可使玉米增产 8.1% ~ 10.2%。唐光木等[62]研究表明，施用生物炭能够增加玉米地上部茎秆和地下部根系的生物量，产量较不施肥和单独施加氮肥增加 2.75% 和 1.31%。

生物炭与氮肥配施对土壤性质及作物产量的影响随时间存在一定程度的叠加效应。张伟明等[63]通过 2 年大田试验的研究表明，生物炭配施氮肥对大豆生长及产量的影响显著，可显著提高大豆产量和品质，在常规施肥减少 15%、30% 和 60% 时，生物炭配施氮肥仍优于常规施肥，增产作用较好，产投比也有所提高，并且这种作用有一定的累加效应。张斌等[64]关于生物炭对成都平原水稻土壤的研究表明，单独施加高量生物炭（40 t/hm²）有减产趋势，且 2 年后有叠加作用，而配施氮肥情况下，生物炭对水稻产量无显著影响。袁晶晶等[65]经过连续 3 年的田间试验得出，生物炭配施氮肥有效改善了土壤的养分状况，施肥处理较对照显著增加了土壤有机质、全氮、全磷、全钾、速效氮、速效磷、速效钾含量，减少了化肥的施用量，提高了作物产量和品质，研究结果表明，以 10 t/hm² 生物炭配施 300 kg/hm² 氮肥的效果最佳。由于肥料施用量、配施比例以及土壤本身的理化性质不同，生物炭与化肥配施的效果也不尽相同。Major 等[66]通过生物炭施加对玉米、大豆轮作的多年试验发现，20 t/hm² 生物炭在第 1 年对产量影响并不显著，但在第 2~4 年产量逐年提升，在第 4 年提升了 140%。多数研究认为，施加氮肥时配施高量生物炭产量有降低趋势，但仍大于单独施氮处理[67]。

当前研究普遍认为，生物炭能够促进作物增产，生物炭配施氮肥对作物产量表现为正效应，但其最佳施用量因生物炭的制备过程以及试验土壤性质不同而有所差异[68]。Uzoma 等[69]研究发现，15 t/hm² 和 20 t/hm² 生物炭可显著提高玉米产量；袁晶晶等[65]通过连续 3 年的田间试验发现，生物炭与氮肥配施提高了作物产量，各配施处理中以 10 t/hm² 生物炭配施 300 kg/hm² 氮肥效果最好，较对照显著提高 26.9%；宋大利等[44]研究表明，秸秆生物炭配施氮肥短期内可显著提高冬小麦和夏玉米产量，其中 7.5 t/hm² 生物炭配施 150 kg/hm² 氮肥处理产量最高，较农民习惯施肥（单施 22.5 kg/hm² 氮肥）增产 17.18% 和 22.65%，节约氮肥 33%。

生物炭由于自身特殊性质，在与氮肥配合施用时，可通过改善土壤环境促进氮肥的吸收利用，而氮肥也可在一定程度上通过调节土壤碳氮比进一步促进微生物的活性，进而提高土壤养分，生物炭配施氮肥对土壤性状的改良和作物增产增效的作用已经得到广泛认可，但互作的具体过程和机制仍有待进一步研究考证。

第二章　生物炭配施氮肥调控土壤物理结构

　　生物炭碳化后保留了原有生物质良好的孔隙结构，多微孔和较大的比表面积使其具有强吸附力，施入土壤后可以起到一定程度的疏松土壤和保水保肥作用，有效改善土壤物理结构[70,71]。亚马孙黑土由于表层土壤富含生物炭，土壤容重随着土层的加深而逐渐增加，表层土壤容重最小[47]。生物炭的密度大多集中在 0.2~0.7 g/cm^3，小于一般土壤容重，因此施入土壤后可降低土壤容重，增加土壤耕性[72]。Oguntunde 等[73]研究表明，生物炭能够降低土壤容重 9%，总孔隙度增加 45.7%~50.6%。陈红霞等[74]通过 3 年定点试验发现，施加 2.25 t/hm^2 和 4.5 t/hm^2 生物炭可降低表层土壤容重 4.5% 和 6.0%。潘洁等[75]研究表明，施用生物炭较常规处理土壤容重降低 2.6%~15.7%。刘会等[76]研究发现，生物炭使土壤容重降低 0.06~0.11 g/cm^3。生物炭施入土壤后显著改善土壤耕性，增加土壤透气性，容重的降低和孔隙度的增加为作物根系提供了良好的生长环境，从而促进了作物的生长发育[77]。

　　生物炭主要通过改变土壤的孔径和分布，进而改变土壤水分的渗滤模式、停留时间和流动路径[78]。Herath 等[79]研究发现，7.18 t/hm^2 玉米秸秆生物炭能够显著增加淋溶土和火山灰土的含水量和有效含水量。房彬等[80]研究表明，生物炭能够降低土壤容重 14.6%~32.5%，增加年均含水量 8.8%~44.7%。Asai 等[81]研究认为，生物炭可显著提高土壤含水量和入渗量。勾芒芒等[82]研究表明，施入 60 g/kg 生物炭可提高土壤含水量 170%。刘圆等[33]通过 2 年 4 季小麦—玉米轮作试验发现，各生物炭处理土壤平均含水量均高于对照，且随施用时间和施用量的增加而增加，其中 6.8 t/hm^2 和 11.3 t/hm^2 生物炭效果最明显，可使土壤容重降低 3.0%~10.4%，含水量增加 10.3%~20.2%。生物炭的稀释能力较一般土壤有机质高 1~2 个数量级，其强吸附力也是提高土壤持水性能的另一个原因[83]。

　　生物炭的多孔结构和强吸附力使其对土壤持水性能产生影响，可显著提高土壤含水量和有效水分含量，对作物根系生长起到积极作用。但生物炭过量时可能导致土壤容重过低，土壤保水保肥能力下降，而孔隙度过大使土壤三相比偏离理想状态值[84]。陈温福等[85]在白浆土上施用破碎白浆层混合生物炭，结果发现施用 10 t/hm² 生物炭可有效降低土壤容重和比重，提高土壤持水量，并调整土壤三相比趋于理想状态，但施用量超过 30 t/hm² 时，土壤反而过于疏松，耕性下降，持水性能也有所降低。从改良土壤物理性质角度看，生物炭还田改土的效果总体是正向的，但最佳施用量还应根据生物炭的原料和制备条件以及土壤类型而定。

第一节　生物炭配施氮肥对土壤物理结构的影响

试验于 2016 年、2017 年连续 2 年在内蒙古包头市土默特右旗沟门镇北只图村（40°59′N，110°56′E）进行。试验地前茬为玉米，土壤类型为沙壤土，2016 年 0～20 cm 土层含有机碳 16.75 g/kg，全氮 0.41 g/kg，速效氮 57.82 mg/kg，速效磷 8.02 mg/kg，速效钾 161.92 mg/kg，pH 值为 7.22，土壤容重为 1.51 g/cm³，含水量为 21.78%；生育期（4—10 月）内总降水量 423.12 mm，年均气温 18.72 ℃。2017 年试验地位置略有调整，0～20 cm 土壤含有机碳 16.83 g/kg，全氮 0.40 g/kg，速效氮 59.52 mg/kg，速效磷 5.22 mg/kg，速效钾 167.72 mg/kg，pH 值为 7.22，土壤容重为 1.53 g/cm³，含水量为 21.78%；生育期内降水量 389.6 mm，年均气温 18.81 ℃。

本试验所用生物炭为玉米秸秆在缺氧条件下 350 ℃烧制而成，由沈阳卡力玛生物炭科技开发有限公司生产，pH 值为 10.08，含碳（C）71.23%、氮（N）1.51%、磷（P）0.78%、钾（K）1.68%。

一、对土壤物理结构和持水性能的影响

生物炭由于本身疏松多孔结构和强吸附特性，施入土壤后对土壤孔隙度、容重等物理结构以及含水量、田间持水性等持水性能产生影响。研究结果表明，在 0、150 kg/hm²、300 kg/hm² 3 个施氮处理（N_0、N_{150}、N_{300}）与 0、8 t/hm² 2 个生物炭处理（C_0、C_8）配施后，在 0～20 cm 土层，生物炭显著降低了土壤容重（$P<0.05$）（图 1）。0～10 cm 和 10～20 cm 土层，单独施生物炭处理 N_0C_8 以及生物炭氮肥配施处理 $N_{150}C_8$ 和 $N_{300}C_8$ 分别较 N_0C_0 显

著降低了 5.23%、5.18%、3.92% 和 8.35%、7.31%、7.11%，而施氮对土壤容重影响较小或无显著影响。20~40 cm 土层，各处理之间差异不显著。施用生物炭显著增加了 0~20 cm 土层土壤孔隙度。在 0~10 cm 和 10~20 cm 土层，N_0C_8、$N_{150}C_8$ 和 $N_{300}C_8$ 孔隙度较 N_0C_0 显著增加了 4.39%、4.35%、3.29% 和 7.22%、6.32%、6.15%；施氮量对土壤孔隙度影响不显著。施用生物炭提高了 20~40 cm 土层孔隙度，但与不施炭处理无显著差异。生物炭氮肥配施能够显著改变 0~20 cm 土层结构性，其中生物炭是主控因素，而对 20~40 cm 土层结构性影响均不显著。

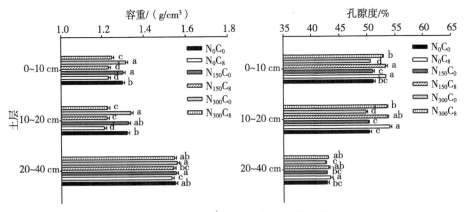

图 1　生物炭氮肥配施对土壤结构性的影响

图中不同字母代表同一土层各处理间差异达显著水平（$P<0.05$），下同。

由图 2 可知，生物炭和氮用量均可显著提高 3 个土层土壤持水性能（$P<0.05$）。0~10 cm、10~20 cm 和 20~40 cm 土层的含水量，单独施氮处理 $N_{150}C_0$ 和 $N_{300}C_0$ 分别较对照 N_0C_0 显著增加 7.91% 和 7.11%、9.38% 和 2.78%、9.39% 和 9.33%，单独施生物炭处理 N_0C_8 较对照显著增加 21.88%、22.68% 和 13.01%；而生物炭氮肥配施处理 $N_{150}C_8$ 和 $N_{300}C_8$ 较对照显著增加 27.60% 和 26.60%、39.34% 和 41.64%、25.56% 和 22.39%。土壤蓄水量与含水量规律相近，3 个土层的最大值均为生物炭氮肥配施处理 $N_{150}C_8$ 和 $N_{300}C_8$，较对照 N_0C_0 显著增加 19.02% 和 19.66%、31.32% 和 33.76%、24.90% 和 22.02%。生物炭氮肥配施较单独施生物炭或施氮对土壤持水性能的提升更大。

二、对土壤三相比的影响

在图 3 中，0~10 cm 和 10~20 cm 土层，生物炭显著降低了土壤固相值

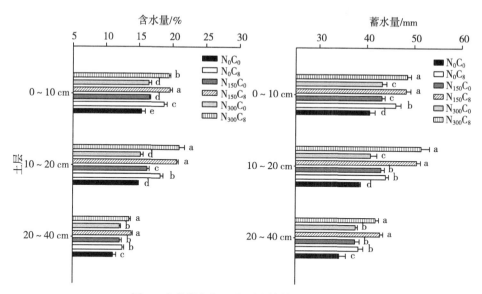

图2 生物炭氮肥配施对土壤持水性的影响

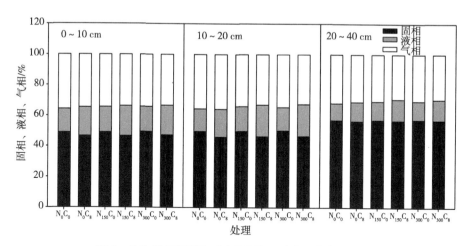

图3 生物炭氮肥配施对土壤固相、液相、气相的影响

（$P < 0.05$），N_0C_8、$N_{150}C_8$ 和 $N_{300}C_8$ 处理较 N_0C_0 显著降低了 4.58%、4.54%、3.44% 和 7.33%、6.42%、6.24%，施氮对固相没有显著影响；生物炭和氮用量均可显著增加土壤液相值，且配施后增幅最大；仅生物炭氮肥配施处理 $N_{150}C_8$ 和 $N_{300}C_8$ 较对照显著降低了气相值，2 个土层分别减少5.64%、6.72% 和 7.43%、8.63%。20～40 cm 土层，生物炭氮肥配施对土

壤固相值无显著影响；单独施生物炭、氮对液相和气相影响差异也不显著，而生物炭氮肥配施处理 $N_{150}C_8$ 和 $N_{300}C_8$ 显著降低气相值 8.02% 和 7.29%，显著增加液相值 25.56% 和 22.39%。

农田土壤理想状态三相比为固相：液相：气相 = 50：25：25，土壤三相比偏离值（R）为供试土壤三相比与理想状态土壤三相比的偏离值，R 值能够反映土壤三相的总体状况。从图 4 可以看出，施生物炭和施氮均可显著降低 3 个土层 R 值，各配施处理组合中以 $N_{150}C_8$ 和 $N_{300}C_8$ 处理最小，二者间无显著差异，0~10 cm、10~20 cm 和 20~40 cm 土层 $N_{150}C_8$ 和 $N_{300}C_8$ 处理分别较 N_0C_0 显著降低 25.48%~28.16%、33.80%~37.30% 和 19.50%~17.07%。生物炭氮肥配施后，浅层土壤的 R 值降幅大于深层土壤，生物炭氮肥配施对表层土壤 R 值影响更大，合理的土壤三相比改善了土壤水、热、气状况，为玉米根系生长提供了良好的土壤结构环境。

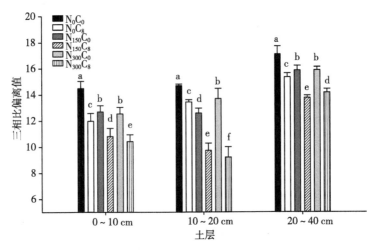

图 4　生物炭氮肥配施对土壤三相比偏离值（R）的影响

第二节　不同生物炭与氮肥配比对土壤构型和持水性的影响

利用内蒙古自治区东部和西部不同的气候环境及土壤条件，于 2017 年在内蒙古东部（通辽市开鲁县小街基镇范家窑村）和西部（包头市土默特右旗沟门镇北只图村）同时进行试验。2 个试验地位置和春玉米生育期

（4—10月）内气候情况以及0~20 cm土壤基本理化性质见表1、表2。

表1　2个试验点春玉米生育期内气候条件

试验地点	地理位置	日照时数/h	平均气温/℃	降水量/mm
包头	土默川平原（40°59′N，110°56′E）	1 861.3	18.8	389.6
通辽	西辽河平原（43°86′N，121°50′E）	1 815.8	18.5	266.3

表2　试验地土壤基础肥力

试验地点	土壤类型	有机碳/（g/kg）	全氮/（g/kg）	速效氮/（mg/kg）	速效磷/（mg/kg）	速效钾/（mg/kg）	pH值	容重/（g/cm³）
包头	灌淤土	16.83	0.40	59.52	5.22	167.72	7.22	1.53
通辽	草甸土	18.09	0.41	55.21	12.73	177.53	7.41	1.42

一、对土壤结构性的影响

研究结果表明，3个施氮处理0、150 kg/hm²、300 kg/hm²与4个生物炭处理0、8 t/hm²、16 t/hm²、24 t/hm²配施后，在0~20 cm土层，施用生物炭显著降低土壤容重（$P<0.05$），而施氮增加了土壤容重；在20~40 cm土层，生物炭和氮均对容重影响不显著（表3、表4）。0~10 cm和10~20 cm土层，在各施氮水平，包头施加生物炭土壤容重分别降低1.50%~9.00%和1.95%~8.60%，通辽降低3.82%~12.12%和3.01%~13.33%，通辽在各氮处理下的降幅均大于包头，说明通辽该土层土壤容重对生物炭的响应更敏感；施氮增加了土壤容重，但两种施氮量间差异不显著，2个试点施氮处理较不施氮处理增加1.32%~5.98%和0.98%~6.72%。通辽0~20 cm土层的土壤容重均小于包头，说明通辽0~20 cm土层的土壤更疏松。

在0~20 cm土层，土壤孔隙度随生物炭量的增加呈显著增加的趋势，而氮肥降低了土壤孔隙度；生物炭和氮肥对20~40 cm土层孔隙度影响不显著（表5、表6）。0~10 cm和10~20 cm土层各施氮处理，包头施加生物炭孔隙度分别增加1.52%~9.32%和1.57%~9.02%，通辽增加3.70%~12.03%和3.03%~13.85%，通辽施生物炭后的增幅均大于包头。而施氮降低了土壤孔隙度，但两种施氮量间差异不显著，施氮处理降低土壤孔隙度

1.20%~4.73%和1.03%~5.56%。

表3 生物炭和氮肥的不同配比对包头试验点土壤容重的影响

地点	土层/cm	处理	容重/（g/cm^3）		
			N$_0$	N$_{150}$	N$_{300}$
包头	0~10	C$_0$	1.35 a	1.35 a	1.34 a
		C$_8$	1.26 b	1.28 b	1.32 ab
		C$_{16}$	1.25 b	1.28 b	1.29 bc
		C$_{24}$	1.23 b	1.27 b	1.26 c
	10~20	C$_0$	1.36 a	1.37 a	1.38 a
		C$_8$	1.29 b	1.32 bc	1.36 ab
		C$_{16}$	1.27 b	1.34 ab	1.33 b
		C$_{24}$	1.24 b	1.29 c	1.28 c
	20~40	C$_0$	1.47 a	1.48 a	1.46 a
		C$_8$	1.48 a	1.47 a	1.47 a
		C$_{16}$	1.45 a	1.47 a	1.46 a
		C$_{24}$	1.47 a	1.45 a	1.46 a

注：不同字母表示同一土层同一施氮量下不同生物炭处理间差异达0.05显著水平，下同。

表4 生物炭和氮肥的不同配比对通辽试验点土壤容重的影响

地点	土层/cm	处理	容重/（g/cm^3）		
			N$_0$	N$_{150}$	N$_{300}$
通辽	0~10	C$_0$	1.32 a	1.31 a	1.30 a
		C$_8$	1.21 b	1.26 b	1.25 b
		C$_{16}$	1.17 bc	1.24 bc	1.24 b
		C$_{24}$	1.16 c	1.20 c	1.19 c
	10~20	C$_0$	1.35 a	1.33 a	1.33 a
		C$_8$	1.21 b	1.29 b	1.28 b
		C$_{16}$	1.19 b	1.27 bc	1.26 b
		C$_{24}$	1.17 b	1.24 c	1.21 c
	20~40	C$_0$	1.42 a	1.41 a	1.42 a
		C$_8$	1.44 a	1.42 a	1.44 a
		C$_{16}$	1.42 a	1.44 a	1.43 a
		C$_{24}$	1.44 a	1.42 a	1.44 a

表5　生物炭和氮肥的不同配比对包头试验点土壤孔隙度的影响

地点	土层/cm	处理	孔隙度/%		
			N_0	N_{150}	N_{300}
包头	0~10	C_0	49.13 b	49.18 b	49.56 c
		C_8	52.33 a	51.70 a	50.31 bc
		C_{16}	52.96 a	51.57 a	51.32 ab
		C_{24}	53.71 a	51.95 a	52.58 a
	10~20	C_0	48.81 b	48.30 c	47.92 c
		C_8	51.45 a	50.19 ab	48.68 bc
		C_{16}	51.95 a	49.31 bc	49.94 ab
		C_{24}	53.21 a	51.19 a	51.70 a
	20~40	C_0	44.53 a	44.13 a	44.95 a
		C_8	44.10 a	44.52 a	44.53 a
		C_{16}	45.32 a	44.52 a	44.89 a
		C_{24}	44.59 a	45.22 a	44.80 a

表6　生物炭和氮肥的不同配比对通辽试验点土壤孔隙度的影响

地点	土层/cm	处理	孔隙度/%		
			N_0	N_{150}	N_{300}
通辽	0~10	C_0	50.19 c	50.57 c	50.94 c
		C_8	54.34 b	52.45 b	52.83 bc
		C_{16}	55.85 ab	53.21 ab	53.21 b
		C_{24}	56.23 a	54.72 a	55.09 a
	10~20	C_0	49.06 b	49.81 c	49.81 c
		C_8	54.34 a	51.32 b	51.70 bc
		C_{16}	55.09 a	52.08 ab	52.45 b
		C_{24}	55.85 a	53.21 a	54.34 a
	20~40	C_0	46.37 a	46.77 a	46.43 a
		C_8	45.80 a	46.30 a	45.75 a
		C_{16}	46.26 a	45.72 a	46.19 a
		C_{24}	45.79 a	46.36 a	45.49 a

　　通过生物炭和氮肥的双因素方差分析可知（表7），生物炭和氮用量对 0~20 cm 土层的土壤容重和孔隙度影响极显著（$P<0.01$），且二者存在极显著的交互作用。

表7　土壤容重和孔隙度对不同生物炭和氮肥配比响应的方差分析

处理	容重/（g/cm³）			孔隙度/%		
	0~10 cm	10~20 cm	20~40 cm	0~10 cm	10~20 cm	20~40 cm
C	**	**	NS	**	**	NS
N	**	**	NS	**	**	NS
C×N	**	**	NS	**	**	NS

注：**、* 和 NS 分别表示差异达极显著水平（$P<0.01$）、显著水平（$P<0.05$）以及差异不显著。

　　由表3~表6可知，包头和通辽的容重和孔隙度变化规律基本一致，综合两点数据，从图5和图6可以看出，各施氮条件下，施生物炭量与0~10 cm 和10~20 cm 土层土壤容重和孔隙度的关系可用一元二次方程较好地拟合（$r^2>0.9$）。各土层在同一施氮水平，随着生物炭量的增加，土壤容重呈显著下降趋势（$a<0$），孔隙度呈显著上升趋势（$a>0$）。0~20 cm 土层，生物炭对 N_0 处理容重的降幅和孔隙度的增幅均大于 N_{150} 和 N_{300} 处理，即单独施加生物炭疏松土壤程度更大，而二者配施缓解了生物炭对于土壤结构

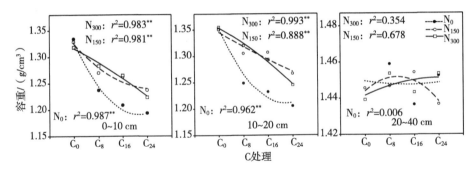

图5　生物炭和氮肥的不同配比对土壤容重的影响

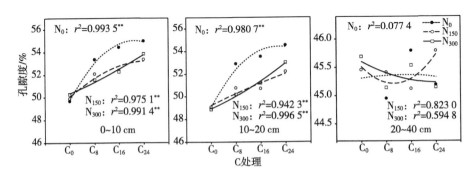

图6　生物炭和氮肥的不同配比对土壤孔隙度的影响

性的影响，减缓了高量施用生物炭对土壤的疏松程度。不施肥和单独施氮时，土壤容重均大于 1.3 g/cm³，过于紧实，耕性较小。20~40 cm 土层，生物炭和氮肥均对容重影响不一致，各施肥处理间差异不显著。

二、对土壤持水性的影响

由表 8~表 11 可知，生物炭和氮肥均可显著增加土壤持水性能（$P <$ 0.05）；随着生物炭施用量的增加，土壤含水量和蓄水量呈先增后减趋势。2 个试点的 3 个土层在各施氮水平，施生物炭处理（C_8、C_{16}、C_{24}）较不施炭处理（C_0）含水量增加 4.05%~15.40%、3.66%~18.85% 和 1.07%~6.71%，蓄水量增加 1.20%~9.97%、0.68%~11.55% 和 1.96%~5.96%；各生物炭水平下，施氮处理（N_{150}、N_{300}）较不施氮处理（N_0）含水量增加 0.50%~10.46%、2.99%~10.24% 和 3.29%~4.34%，蓄水量增加 3.41%~13.87%、1.88%~12.88% 和 1.32%~3.94%。通辽各土层含水量和蓄水量均大于包头。

表 8　生物炭和氮肥的不同配比对包头试验点土壤含水量的影响

地区	土层/cm	处理	含水量/%		
			N_0	N_{150}	N_{300}
包头	0~10	C_0	14.60 c	14.52 c	14.67 c
		C_8	15.41 b	16.12 ab	16.12 b
		C_{16}	16.16 a	16.76 a	16.22 a
		C_{24}	15.70 ab	15.64 b	15.91 bc
	10~20	C_0	14.15 c	14.89 b	14.97 c
		C_8	15.75 b	16.47 a	16.40 a
		C_{16}	16.82 a	16.43 a	16.57 a
		C_{24}	15.29 b	15.92 ab	15.74 b
	20~40	C_0	15.34 b	15.83 b	16.04 a
		C_8	15.83 ab	16.47 a	16.50 a
		C_{16}	16.37 a	16.37 a	16.45 a
		C_{24}	15.65 b	16.17 ab	16.34 a

注：不同字母表示同一土层同一施氮量下不同生物炭处理间差异达 0.05 显著水平，下同。

表 9　生物炭和氮肥的不同配比对包头试验点土壤蓄水量的影响

地区	土层/cm	处理	蓄水量/mm		
			N_0	N_{150}	N_{300}
包头	0~10	C_0	39.36 b	39.12 c	39.23 c
		C_8	38.94 bc	41.26 b	42.44 a
		C_{16}	40.28 a	43.02 a	41.86 a
		C_{24}	38.52 c	39.83 bc	40.00 b
	10~20	C_0	38.39 c	40.80 c	41.31 c
		C_8	40.54 b	43.47 b	44.62 a
		C_{16}	42.83 a	44.13 a	43.97 b
		C_{24}	37.91 d	41.18 c	40.30 d
	20~40	C_0	45.09 d	46.87 b	46.79 c
		C_8	46.91 a	48.42 a	48.50 a
		C_{16}	47.44 a	48.15 a	48.07 ab
		C_{24}	45.98 c	46.95 b	47.79 b

表 10　生物炭和氮肥的不同配比对通辽试验点土壤含水量的影响

地区	土层/cm	处理	含水量/%		
			N_0	N_{150}	N_{300}
通辽	0~10	C_0	15.87 c	16.43 c	17.53 b
		C_8	17.01 b	17.87 b	18.75 a
		C_{16}	18.12 a	18.65 a	18.86 a
		C_{24}	16.87 b	17.54 b	18.24 a
	10~20	C_0	16.12 c	16.67 c	17.77 b
		C_8	17.46 a	18.01 a	18.59 a
		C_{16}	17.85 a	18.42 a	19.03 a
		C_{24}	17.13 b	17.72 b	18.42 ab
	20~40	C_0	20.56 b	20.76 b	21.02 b
		C_8	21.00 a	20.99 ab	21.48 ab
		C_{16}	21.40 a	21.57 a	21.85 a
		C_{24}	21.14 a	21.17 a	21.55 ab

表 11　生物炭和氮肥的不同配比对通辽试验点土壤蓄水量的影响

地区	土层/cm	处理	蓄水量/mm		
			N_0	N_{150}	N_{300}
通辽	0~10	C_0	41.90 ab	43.05 c	45.58 b
		C_8	41.16 b	45.03 b	46.88 a
		C_{16}	42.40 a	46.25 a	46.77 a
		C_{24}	39.14 c	42.10 d	43.41 c
	10~20	C_0	43.52 a	44.34 c	47.27 b
		C_8	42.25 b	46.47 a	47.59 ab
		C_{16}	42.48 b	46.79 a	47.96 a
		C_{24}	40.08 c	43.95 b	44.58 c
	20~40	C_0	58.43 b	58.57 c	59.68 c
		C_8	60.32 a	59.73 b	61.74 b
		C_{16}	60.95 a	62.06 a	62.32 a
		C_{24}	60.73 a	60.19 b	62.25 a

通过双因素方差分析可知（表 12），生物炭和氮肥对 3 个土层的含水量和蓄水量均存在极显著影响（$P<0.01$），且二者交互作用显著（$P<0.05$）。

从图 7 和图 8 可以看出，同一施氮水平下，施生物炭量与 3 个土层的持水性关系较好地符合一元二次方程（除 0~10 cm 土层蓄水量在 N_0 条件外）。在同一施氮水平下，土壤含水量和蓄水量随着生物炭的增加呈单峰曲线变化，C_8 和 C_{16} 处理均维持了较高的持水性，较 C_0 显著增加，而 C_{24} 有所下降，但各施生物炭处理均大于不施生物炭处理；在同一生物炭水平，土壤持水性 $N_{300}>N_{150}>N_0$。在 0~20 cm 土层，生物炭配施氮肥后较单独施生物炭（N_0）对于土壤蓄水量的提高作用更明显，说明配施氮肥后促进了生物炭对土壤水分的吸持作用。

表 12　土壤持水性对不同生物炭和氮肥配比响应的方差分析

处理	含水量/%			蓄水量/mm		
	0~10 cm	10~20 cm	20~40 cm	0~10 cm	10~20 cm	20~40 cm
C	**	**	**	**	**	**
N	**	**	**	**	**	**
C×N	**	*	*	**	**	**

注：** 、* 和 NS 分别表示差异达极显著水平（$P<0.01$）、显著水平（$P<0.05$）以及差异不显著。

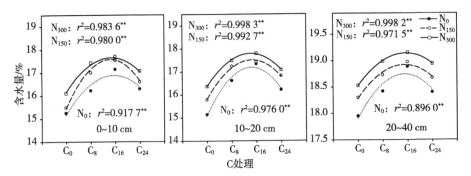

图7　生物炭和氮肥的不同配比对土壤含水量的影响

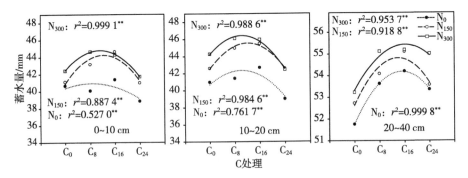

图8　生物炭和氮肥的不同配比对土壤蓄水量的影响

三、土壤结构性与持水性的关系

生物炭和氮及其交互作用均对 0～20 cm 土层容重和孔隙度存在极显著影响（$P<0.01$），而对 20～40 cm 土层影响不显著。因此分析，0～10 cm 和 10～20 cm 土层的容重、孔隙度与土壤持水性的关系，如图9、图10所示。2 个土层土壤含水量和蓄水量随着土壤容重的增加均呈单峰曲线变化（r^2＝0.703、0.660），0～10 cm 和 10～20 cm 土层持水性的峰值对应的容重范围在 1.26 g/cm³ 和 1.29 g/cm³ 左右，孔隙度在 52% 和 51% 左右，说明过于疏松或紧实的土壤结构性均会降低土壤持水性。

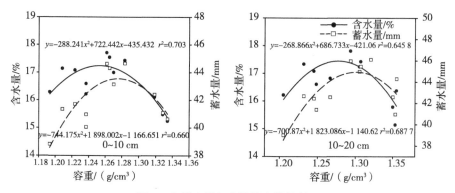

图9 土壤容重与土壤持水性的关系

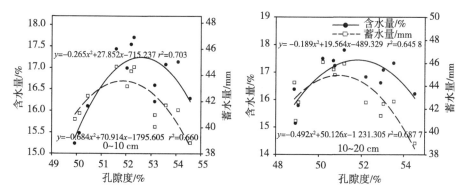

图10 土壤孔隙度与土壤持水性的关系

第三节 不同生物炭与氮肥配比对土壤三项值的影响

一、对土壤固相、液相、气相的影响

由表13~表16可知，随着施用生物炭量的增加，0~20 cm土层固相值呈显著降低趋势（$P<0.05$），20~40 cm土层变化不显著。0~10 cm和10~20 cm土层，各施氮处理，包头施加生物炭固相值显著降低1.50%~9.00%和1.45%~8.60%，通辽降低3.82%~12.12%和3.01%~13.33%，通辽在各施氮水平时生物炭的固相值的降低幅度均大于包头，说明生物炭对通辽0~20 cm土层土壤的固相值影响更大；施氮显著增加土壤固相值，但2个施

氮量间差异不显著，2 个土层的施氮处理较 N_0 增加 1.32%～5.98% 和 0.98%～6.72%。通辽的 0～20 cm 土层固相值均小于包头。

土壤液相值即为土壤含水量，具体分析同第二节中含水量部分。

表 13　生物炭和氮肥的不同配比对包头试验点土壤固相值的影响

地点	处理	固相值/%		
		0～10 cm	10～20 cm	20～40 cm
包头	N_0C_0	50.87 a	51.19 a	55.47 a
	N_0C_8	47.67 b	48.55 b	55.90 a
	N_0C_{16}	47.04 b	48.05 b	54.68 b
	N_0C_{24}	46.29 c	46.79 c	55.41 a
	$N_{150}C_0$	50.82 a	51.70 a	55.87 a
	$N_{150}C_8$	48.30 b	49.81 c	55.48 a
	$N_{150}C_{16}$	48.43 b	50.69 b	55.48 a
	$N_{150}C_{24}$	48.05 b	48.81 d	54.78 b
	$N_{300}C_0$	50.44 a	52.08 a	55.05 a
	$N_{300}C_8$	49.69 b	51.32 b	55.47 a
	$N_{300}C_{16}$	48.68 b	50.06 c	55.11 a
	$N_{300}C_{24}$	47.42 c	48.30 d	55.20 a

注：不同字母表示同一土层同一施氮量下不同生物炭处理间差异达 0.05 显著水平，下同。

表 14　生物炭和氮肥的不同配比对通辽试验点土壤固相值的影响

地点	处理	固相值/%		
		0～10 cm	10～20 cm	20～40 cm
通辽	N_0C_0	49.81 a	50.94 a	53.63 a
	N_0C_8	45.66 b	45.66 b	54.20 a
	N_0C_{16}	44.15 c	44.91 c	53.74 a
	N_0C_{24}	43.77 c	44.15 d	54.21 a
	$N_{150}C_0$	49.43 a	50.19 a	53.23 b
	$N_{150}C_8$	47.55 b	48.68 b	53.70 b
	$N_{150}C_{16}$	46.79 c	47.92 c	54.28 a
	$N_{150}C_{24}$	45.28 d	46.79 d	53.64 b
	$N_{300}C_0$	49.06 a	50.19 a	53.57 b
	$N_{300}C_8$	47.17 b	48.30 b	54.25 a
	$N_{300}C_{16}$	46.79 b	47.55 c	53.81 b
	$N_{300}C_{24}$	44.91 c	45.66 d	54.51 a

表 15　生物炭和氮肥的不同配比对包头试验点土壤气相值的影响

地点	处理	气相值/%		
		0~10 cm	10~20 cm	20~40 cm
包头	N_0C_0	34.53 c	34.66 c	29.19 a
	N_0C_8	36.91 b	35.69 b	28.26 b
	N_0C_{16}	36.80 b	35.13 bc	28.95 ab
	N_0C_{24}	38.01 a	37.92 a	28.93 ab
	$N_{150}C_0$	34.66 b	33.41 b	28.30 b
	$N_{150}C_8$	35.58 b	33.72 b	28.06 b
	$N_{150}C_{16}$	34.81 c	32.88 c	28.15 b
	$N_{150}C_{24}$	36.31 a	35.27 a	29.05 a
	$N_{300}C_0$	34.89 bc	32.96 bc	28.91 a
	$N_{300}C_8$	34.20 c	32.28 c	28.03 b
	$N_{300}C_{16}$	35.10 b	33.37 b	28.43 ab
	$N_{300}C_{24}$	36.67 a	35.95 a	28.47 ab

表 16　生物炭和氮肥的不同配比对通辽试验点土壤气相值的影响

地点	处理	气相值/%		
		0~10 cm	10~20 cm	20~40 cm
通辽	N_0C_0	34.32 c	32.94 c	25.82 a
	N_0C_8	37.33 b	36.88 b	24.80 b
	N_0C_{16}	37.73 ab	37.24 b	24.86 b
	N_0C_{24}	39.36 a	38.72 a	24.65 b
	$N_{150}C_0$	34.14 b	33.14 b	26.01 a
	$N_{150}C_8$	34.58 b	33.31 b	25.31 b
	$N_{150}C_{16}$	34.56 b	33.66 b	24.15 c
	$N_{150}C_{24}$	37.18 a	35.49 a	25.19 b
	$N_{300}C_0$	33.41 c	32.04 c	25.41 a
	$N_{300}C_8$	34.08 b	33.11 b	24.28 b
	$N_{300}C_{16}$	34.35 b	33.42 b	24.34 b
	$N_{300}C_{24}$	36.85 a	35.92 a	23.95 b

　　0~20 cm 土层，施用生物炭显著增加土壤气相值，而氮肥显著减少气相值。0~10 cm 和 10~20 cm 土层，各施氮处理，包头施加生物炭增加气相值2.66%~10.07% 和 0.93%~9.42%，通辽增加 1.23%~14.68% 和 1.55%~

17.56%；而施氮显著降低了土壤气相值，但两种施氮量间差异不显著，N_{150} 和 N_{300} 处理较 N_0 增加 2.64% ~ 8.96% 和 2.72% ~ 10.26%。20 ~ 40 cm 土层，包头仅 C_8 处理时，氮肥显著降低气相值，而通辽各施生物炭处理下，施氮均显著降低气相值；而施加生物炭对气相值影响差异不显著。

表 17 中的双因素方差分析可知，生物炭和氮肥对 0 ~ 10 cm 和 10 ~ 20 cm 土层的固相、液相、气相值均影响极显著（$P<0.01$），且二者交互作用也极显著；生物炭和氮肥仅对 20 ~ 40 cm 土层液相值存在极显著影响，而二者无交互作用。

表 17　土壤固相、液相、气相对不同生物炭和氮肥配比响应的方差分析

处理	固相/%			液相/%			气相/%		
	0 ~ 10 cm	10 ~ 20 cm	20 ~ 40 cm	0 ~ 10 cm	10 ~ 20 cm	20 ~ 40 cm	0 ~ 10 cm	10 ~ 20 cm	20 ~ 40 cm
C	**	**	NS	**	**	**	**	**	NS
N	**	**	NS	**	**	**	**	**	NS
C×N	**	**	NS	**	**	NS	**	**	NS

注：**、* 和 NS 分别表示差异达极显著水平（$P<0.01$）、显著水平（$P<0.05$）以及差异不显著。

有研究表明，理想状态的土壤固相占 50%，液相占 25%，气相占 25%，合理的土壤三相结构为作物根系提供了良好的生长环境，促进作物根系生长。而实际土壤的固相、液相、气相往往偏离理想状态结构，图 11 为本试验土壤三相结构与理想状态值的偏离绝对值。

从图 11 中可以看出，在 0 ~ 10 cm 土层，施氮可显著降低固相和气相的偏离值，单独施生物炭（N_0）时的增幅最明显，配施氮后增幅有所下降，说明生物炭配施氮肥后可减缓对固相和气相的偏离值；生物炭可显著降低液相偏离值，说明在 0 ~ 10 cm 土层，生物炭是通过降低液相值，而氮肥通过降低固相值和气相值来改善土壤结构性，生物炭氮肥配施较单独施肥效果更佳。

在 10 ~ 20 cm 土层，单独施生物炭显著增加了固相和气相的偏离值，N_{150} 和 N_{300} 处理，生物炭对偏离值的增加幅度减小，说明配施氮肥可缓解生物炭对偏离值的增加；各施生物炭水平下，施氮均可显著降低固相和气相的偏离值，且生物炭和氮肥配施较单独施氮的降低更明显。生物炭和氮肥均可显著降低液相值。生物炭主要通过降低 10 ~ 20 cm 土层液相值，氮肥通过降低三相值来改良土壤；配施氮肥可减缓生物炭对偏离值的增加。

20~40 cm 土层，生物炭和氮肥对固相值和气相值影响均未达到显著水平。生物炭和氮肥均可显著降低液相偏离值，生物炭和氮肥配施较单独施生物炭或氮对液相偏离值的减小幅度更大。

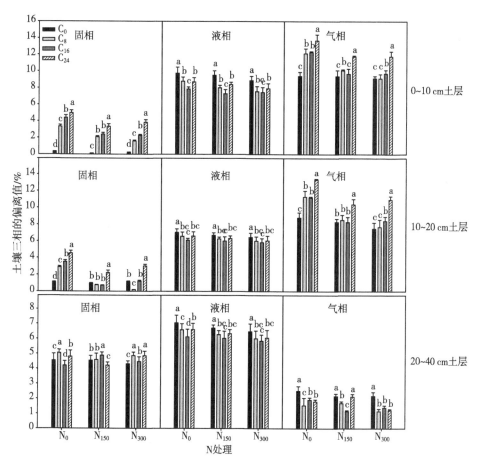

图 11　生物炭和氮肥的不同配比对土壤固相、液相、气相偏离值的影响

图中不同字母代表同一土层各处理间差异达到显著水平（$P<0.05$），下图同。

二、对土壤三相比偏离值的影响

由表 18、表 19 可知，0~10 cm 土层，单独施生物炭处理，包头和通辽 R 值显著增加 6.40%~16.16% 和 17.42%~35.16%（$P<0.05$），配施氮处理，仅包头 C_8 和 C_{16} 处理显著降低 R 值 2.48%~10.57%；各施生物炭水平

表18 生物炭和氮肥的不同配比对包头试验点土壤三相比偏离值（R）的影响

地点	土层/cm	处理	土壤三相比偏离值 R		
			N_0	N_{150}	N_{300}
包头	0~10	C_0	14.13 b	14.27 ab	14.30 a
		C_8	15.47 a	13.92 b	12.79 b
		C_{16}	15.04 a	12.91 c	13.44 b
		C_{24}	16.42 a	14.81 a	15.01 a
	10~20	C_0	13.71 ab	12.56 ab	12.17 b
		C_8	14.16 bc	12.20 bc	11.27 c
		C_{16}	13.45 c	11.70 c	11.96 c
		C_{24}	16.27 a	13.60 a	14.07 a
	20~40	C_0	11.87 a	11.38 a	11.01 a
		C_8	11.38 a	10.59 b	10.56 a
		C_{16}	10.58 b	10.69 a	10.53 a
		C_{24}	11.49 b	10.83 b	10.68 a

注：不同字母表示同一土层同一施氮量下不同生物炭处理间差异达 0.05 显著水平，下同。

表19 生物炭和氮肥的不同配比对通辽试验点土壤三相比偏离值（R）的影响

地点	土层/cm	处理	土壤三相比偏离值 R		
			N_0	N_{150}	N_{300}
通辽	0~10	C_0	13.05 c	12.54 b	11.29 b
		C_8	15.32 b	12.19 b	11.38 b
		C_{16}	15.61 b	11.91 c	11.63 b
		C_{24}	17.63 a	15.04 a	14.57 a
	10~20	C_0	9.14 c	9.18 b	8.09 c
		C_8	13.27 b	9.32 b	9.00 b
		C_{16}	13.74 b	9.54 b	9.32 b
		C_{24}	15.41 a	11.62 a	12.25 a
	20~40	C_0	5.79 a	5.42 a	5.36 ab
		C_8	5.81 a	5.47 a	5.57 a
		C_{16}	5.19 b	5.55 a	4.99 b
		C_{24}	5.72 a	5.29 a	5.77 a

下，施氮显著降低 R 值 3.89%~25.71%，两种施氮量间差异不显著。10~20 cm 土层，各施氮处理，C_8 和 C_{16} 处理显著降低了包头的 R 值 1.69% 和 7.37%，而 C_{24} 处理显著增加 R 值。20~40 cm 土层，仅在包头 N_{150} 处理时，施用生物炭显著降低 R 值。

通过双因素方差分析可知（表20），生物炭和氮肥对 0~10 cm 和 10~

20 cm 土层土壤 R 值均有极显著影响（$P<0.01$），且二者交互作用极显著；对 20~40 cm 土层影响差异不显著。说明生物炭和氮肥主要通过改变 0~20 cm 土层土壤三相比而影响土壤结构性质。

表 20　土壤三相比偏离值（R）对不同生物炭和氮肥配比响应的方差分析

处理	三相比偏离值 R		
	0~10 cm	10~20 cm	20~40 cm
C	**	**	NS
N	**	**	NS
C×N	**	**	NS

注：**、* 和 NS 分别表示差异达极显著水平（$P<0.01$）、显著水平（$P<0.05$）以及差异不显著。

由图 12 可知，0~10 cm 和 10~20 cm 土层，单独施生物炭处理显著增加了土壤 R 值；配施 N_{150} 后，C_8 和 C_{16} 处理显著降低了 R 值，而 C_{24} 显著增加了 R 值；配施 N_{300} 后，仅 C_8 较 C_0 降低了 R 值。施氮均降低了 2 个土层的 R 值。生物炭配施氮肥均对 20~40 cm 土层无显著影响。在 0~20 cm 的施生物炭土层，单独施生物炭使土壤更加偏离理想状态土壤三相比，而配施氮肥后，适量施炭可使 R 值减小，即使土壤更接近理想状态土壤三相比。

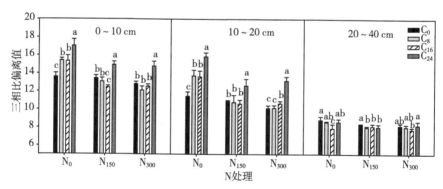

图 12　生物炭和氮肥的不同配比对土壤三相比偏离值（R）的影响

研究结果表明，生物炭可显著降低 0~20 cm 土层土壤容重、增加孔隙度，改善土壤结构性。生物炭与氮肥配施可提高 0~40 cm 土层土壤含水量、蓄水量，增加土壤持水性能，土壤持水性随生物炭量增加呈先增后减的趋势。适量生物炭与氮肥配施可促进土壤三相比趋近理想状态土壤三相比，改良土壤物理结构，提高玉米根际土壤保水保肥能力。

　　生物炭和氮肥对土壤结构性存在显著交互作用（$P<0.05$），其中生物炭起主导作用。随着生物炭施用量的增加，0~20 cm 土层土壤容重逐渐减小，而土壤孔隙度逐渐增大，容重和孔隙度的改变影响了土壤固相值和气相值的变化。施加 8 t/hm²、16 t/hm²、24 t/hm² 生物炭均显著提高 0~40 cm 土层土壤含水量和蓄水量，这是由于生物炭改善了土壤孔隙结构，且巨大的比表面积和亲水基团可有效吸附水分，进一步提高土壤持水能力[60]。为进一步研究生物炭和氮肥间的互作效应，增设了配施氮肥处理，试验结果表明，配施氮肥较单独施生物炭对土壤持水性能的提升更为明显，这是因为适量施氮增加了土壤含水量，降低了根际土壤水势，较远土壤中的水分向根际附近移动，增加了根际土壤持水性能，提高了水分利用效率。适量生物炭和氮肥配施有效减小了供试土壤与理想土壤的液相值差距，而过量施用生物炭处理 C₂₄ 使土壤过于疏松导致保水性下降[85]，但仍大于不施生物炭处理。

　　生物炭和氮肥配施可提高土壤含水量和蓄水量，3 个土层的持水性随生物炭施用量的增加呈先增后减的趋势。通过比较容重和孔隙度与持水性的关系，0~10 cm 和 10~20 cm 土层的容重分别在 1.26 g/cm³ 和 1.29 g/cm³ 左右，孔隙度分别在 52% 和 51% 左右，土壤持水性能最强。适量的生物炭和氮肥配施通过改变 0~20 cm 土层的固相值和气相值以及 0~40 cm 土层的液相值，使土壤三相比趋近理想状态土壤三相比，从而改善土壤物理结构，提高玉米根际土壤保水保肥能力。

　　在本研究中，生物炭能够使 0~20 cm 土层土壤容重降低 1.19%~12.09%，孔隙度增加 1.09%~10.71%，但单独施生物炭增加了固相和气相比例与理想土壤比例的偏离值，而配施氮肥后能够缩小偏离值，使供试土壤更趋于理想土壤，但 C₂₄ 处理配施氮肥后偏离值有增加的趋势，说明施用量不宜过多。另外，本研究还发现生物炭仅显著影响 0~20 cm 土层结构性，而对 20~40 cm 土层影响不显著，这是由于其芳香结构性质稳定，几乎不发生垂直方向的物理迁移。

　　生物炭和氮肥通过综合改变土壤固相、液相和气相值，影响表层土壤的三相比。在 0~20 cm 施生物炭土层，单独施生物炭使土壤三相比偏离理想土壤，而配施氮肥后偏离值 R 减小，即供试土壤更接近理想土壤三相比，但改良土壤结构的施用量不宜过多。适量的生物炭配施氮肥通过改变表层土壤结构性，提高土壤持水性能，进而优化根际土壤水、热、气状况，为玉米形成发达根系提供必要条件。

第三章　生物炭与氮肥配施调控土壤碳氮比

农田土壤储藏着表层陆地生态系统中最大的有机碳库和耕层土壤中多数有机氮素。土壤有机碳和全氮是评价农田土壤质量的重要指标，其与养分供应、土壤持水能力及土壤微生物状况等有紧密联系。

（一）生物炭对土壤有机碳的影响

土壤有机碳是土壤有机质的主要组成部分，其直接或间接地影响着土壤质量。农田是我国的主要土地利用类型，过去30年，我国农田管理措施（施肥、耕作等）已发生明显改变。化学氮肥消耗量在过去30年里持续增长，如此大量的氮肥投入对土壤碳循环产生影响，我国农田土壤有机碳储量已发生显著变化。土壤有机碳受土壤类型、基本性质及环境等影响始终处于动态平衡状态[86]，一方面，土壤有机碳在矿化分解过程中可释放各种植物根系所需营养元素以及微生物生存和繁殖所需能源；另一方面，土壤碳库是陆地生态系统中重要的碳汇，是大气碳循环的关键过程。

近代研究表明，生物炭可能是唯一通过输入稳定的碳源来改变生态系统土壤碳库，从而达到提升土壤碳库存储的方式。生物炭自身含碳量一般在60%以上，具有高度芳香化结构，稳定性和吸附性极强，施入土壤后，直接影响土壤有机碳含量和有机质的形成，可极大地丰富土壤有机碳库[87]。研究发现，施用生物炭后土壤有机碳储量显著提高，土壤生产力也相应提高[88]。赵军[89]通过生物炭与3种生物炭基肥混合使用对土壤有机碳的影响研究表明，各施肥处理均可显著增加土壤有机碳，这与试验所用生物炭含有72.38%的极高有机碳含量有关。Ameloot等[90]在连续施用49 t/hm^{2}生物炭2年后，测得土壤有机碳提升高达115%。花莉等[91]通过研究施加椰壳生物炭对土壤有机碳的影响发现，在1%~8%生物炭范围内，每增加1%生物炭，土壤有机碳含量随即增加5.9 mg/g。研究认为生物炭提高土壤有机碳含量，一方面是由于生物炭能够促进土壤有机质分解，使有机碳含量增加；另一方面是生物炭的强吸附性使小有机分子数量增加，促进有机分子聚合成为土壤有机质[92]。研究表明，生物炭在土壤中可保持上百年至数千年，有机碳大部分可保存下来，起到长期固碳的作用。

土壤有机碳积累和矿化分解之间的平衡不能很好地反映土壤养分的转化速率以及土壤质量的变化方向[93]。但土壤有机碳含有周转速率快和慢的两种组分，这一观点已得到广泛认可，周转速率快的组分是促使物质循环的腐生生物的有效能量来源，更利于加快营养物质循环。土壤活性有机碳与土壤速效养分密切相关，对耕作措施和施肥的反应也更灵敏，可作为短期内反映土壤生产力的指示性指标[94]。生物炭还可通过抑制有机碳矿化来增加可溶性有机碳含量[95,96]。众多研究表明，施用生物炭对土壤可溶性有机碳有显著影响，表现为随着施用量的增加而增加[97]。宋大利等[44]研究了生物炭对小麦—玉米轮作土壤可溶性有机碳的影响，结果表明，生物炭可显著增加土壤可溶性有机碳含量。

生物炭施入土壤后，不仅可以调节土壤养分，增加土壤有机碳含量，同时也促进碳汇，减少大气污染，达到农业生产中增汇增产的目的。

（二）生物炭对土壤氮素的影响

氮素是生命活动的必需元素，也是生态系统变化的主要因子[7]。作物体内重要的有机化合物均由氮素组成，是一切作物生长必不可少的营养元素。作物吸收的氮素绝大部分来自土壤，土壤的供氮能力是决定作物高产优质的关键因素[98]。土壤全氮含量是表征土壤氮存储量和土壤供氮潜力的指标。众多研究表明，生物炭对土壤全氮含量有极显著影响，且随施用量的增加而显著增加[99]。战秀梅等[43]研究认为，由于生物炭可减少碳的矿化作用所消耗的氮素营养，从而较秸秆还田更能提高土壤有机碳和全氮含量。郭俊娒等[100]通过对东北典型黑土区土壤连续2年田间试验的研究表明，添加玉米秸秆生物炭对土壤全氮影响未达到显著水平，但提高了氮肥利用效率和农学效率。

土壤全氮可分为有机态和无机态两部分，其中有机氮占92%~98%，是全氮的主体部分，但该部分氮素不能被作物直接利用，需通过土壤微生物矿化生成无机态氮才能被作物吸收。土壤中无机态氮主要以铵态氮和硝态氮形式存在，包括铵态氮、亚硝态氮、硝态氮等。氮肥的减施增效是近代农业发展的热点，提高氮肥利用效率主要通过减少氮素损失实现，而减少硝态氮的淋溶和增加铵态氮离子含量是减少土壤氮素损失的主要形式。Lehmann等[47]提出在土壤中施用生物炭是一种减少土壤氮素损失、提高氮肥利用率的方法。盖霞普[101]研究表明，玉米秸秆生物炭（500℃）对土壤NO_3^-具有显著的固持作用，主要归因于生物炭对水分的固持能力，以及土壤微生物对 NO_3^- 的固持转化作用。刘会等[76]研究表明，生物炭可通过减少氮素向深层土壤的淋失以及增加耕层土壤的氮素残留量显著提高氮素利用效率，这主要是因为生物炭一方面提高了土壤对矿质氮的吸附，降低了土壤液相中铵态氮的含量，抑制了氨挥发[102]；另一方面，生物炭增加了微生物活性，过量而不能被根系吸收的氮素被微生物转化为有机态氮，降低了氮的气体挥发和淋溶。Laird 等[77]研究发现，施入 2%生物炭可减少 11%的氮素损失。土壤中的硝态氮是可供作物吸收的氮素的主要形式，但硝态氮易溶于水，通过淋失容易造成氮素损失，而把生物炭作为土壤改良剂可有效减少养分淋失。Magrini等[103]研究表明，生物炭可延缓氮素淋失的高峰时间，达到一定的保肥效果，原因可能是生物炭通过改变土壤孔隙大小，土壤溶液滞留时间及流程，来改变土壤溶液的淋失。Yao 等[104]研究表明，不同原料的 2 种生物炭均对硝酸盐和铵盐产生影响，可减少 34%的硝酸盐淋溶。研究发现，对生物炭进行固定化改性后，可增加其对硝态氮的吸附作用，改性后生物炭对硝态氮的去除比例可达 80%[105]。生物炭对 NH_4^+ 有很强的吸附作用，其吸附能力主要与其制备温度和 pH 值密切相关，较低的制备温度和较高的 pH 值能够提高生物炭吸附铵离子的能力[106]。生物炭对铵离子的固定，一方面可降低土壤氨的挥发，另一方面可增加铵离子含量，促进作物吸氮，减少铵态氮向硝态氮的转化，降低硝态氮淋溶风险[107]。Ding 等[108]研究表明，生物炭（竹炭，600 ℃）可通过离子交换作用有效吸附土壤中的铵态氮，减少铵态氮损失 15.2%。

碳、氮循环是土壤营养循环的关键环节，生物炭由于特有的富碳组成和多微孔结构，施入土壤后可显著影响土壤碳、氮含量，但其效果还因生物炭的制备温度和原料以及土壤的类型而有所差异。总的来说，生物炭增加土壤碳氮储量、有效态碳氮含量、减少氮素损失、促进土壤供氮能力的作用已得到广泛认可。

（三）生物炭对土壤碳氮比的影响

有机碳和氮素是土壤有机质的重要构成部分，它们之间存在一定的耦合关系。Ostrowska 等[109]研究表明，土壤碳氮比（C/N）是土壤有机碳和全氮耦合关系的直接体现，被用来定量评价有机物质的变化，是衡量碳氮平衡的重要指标。徐阳春等[110]研究表明，化肥的大量施用，特别是氮肥的超量施用是造成土壤 C/N 降低的主要原因，而增施有机肥有利于提高土壤有机碳含量及有机 C/N。有机肥配施和秸秆覆盖等耕作措施是提高作物产量的有效途径，而高产土壤中由于有机质含量的增加，特别是有机碳含量的增加，C/N 也随之增加。丛日环等[111]通过小麦—玉米一年两熟耕作制度 4 个长期试验点的研究发现，土壤 C/N 仅在祁阳点 NPK（氮磷钾化肥配施）和 NPKM（氮磷钾化肥配施粪肥）处理随着时间延长而显著增加；利用土壤有机碳和全氮平衡原理，以 NPK 处理为例，4 个试验点投入部分的 C/N 差异很小；但通过分析分解的有机质 C/N 发现，土壤有机物的分解过程主要影响土壤 C/N 的变化。Hodge 等[53]研究表明，有机肥的合理配施能够显著增加土壤中的 C/N，但土壤 C/N 的变化不是由于投入的有机肥料 C/N 差异造成的，而主要受制于易分解组分的 C/N。

第一节　生物炭配施氮肥对土壤碳、氮的影响

一、对土壤碳、氮含量及碳氮比的影响

由图 13 可知，生物炭可显著增加各层土壤有机碳（SOC）含量（$P < 0.05$）。3 个土层随着生物炭的施用量增加，SOC 含量持续增加，与对照处理 N_0C_0 相比，单独施生物炭处理 N_0C_8 和生物炭氮肥配施处理 $N_{150}C_8$、$N_{300}C_8$，0~10 cm 土层 SOC 含量分别显著增加 10.19%、11.06% 和 11.62%，10~20 cm 土层增加 18.15%、18.69% 和 20.85%，20~40 cm 土层增加 7.36%、6.09% 和 6.72%，20~40 cm 深层土壤的增幅明显小于 0~20 cm 浅层土壤。

生物炭和氮用量均可显著增加各土层土壤全氮（TN）含量。TN 随着生物炭和氮施用量的增加而增加，0~10 cm、10~20 cm 和 20~40 cm 土层各处理分别较 N_0C_0 显著增加 1.85%~8.63%、1.65%~11.06% 和 3.26%~27.23%，生物炭和氮肥配施处理较单独施生物炭处理 TN 的增加更明显，3 个土层均以 $N_{300}C_8$ 处理为最大值，分别为 1.20 g/kg、1.24 g/kg 和 1.17 g/kg。

0~10 cm 土层，单独施生物炭处理 N_0C_8 显著增加土壤碳氮比（C/N）3.53%，生物炭和氮肥配施处理 $N_{150}C_8$ 和 $N_{300}C_8$ 显著增加 C/N 2.80% 和 2.75%，而单独施氮降低了 C/N。10~20 cm 土层，N_0C_8、$N_{150}C_8$ 和 $N_{300}C_8$ 处理均可显著增加土壤 C/N，分别增加 12.76%、7.07% 和 8.81%，单独施氮对 C/N 无显著影响。20~40 cm 土层，单独施生物炭处理 N_0C_8 的 C/N 显著增加 3.95%，单独施氮处理 $N_{150}C_0$ 和 $N_{300}C_0$ 和二者配施处理 $N_{150}C_8$ 和 $N_{300}C_8$ 显著降低 C/N。

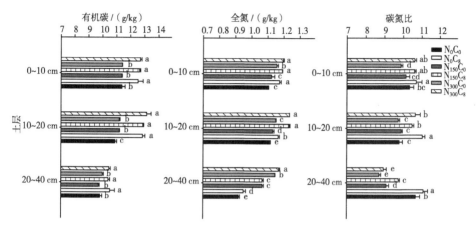

图 13　生物炭和氮肥配施对土壤有机碳（SOC）、全氮（TN）
含量和碳氮比（C/N）的影响

图中不同字母代表同一土层各处理间差异达显著水平（$P<0.05$）。

二、生物炭和氮肥配施对土壤有效态碳、氮的影响

由表 21 可知，0～10 cm 和 10～20 cm 土层，单独施生物炭、氮以及二者配施均对土壤水溶性有机碳（DOC）影响显著（$P<0.05$）。单独施氮处理 $N_{150}C_0$ 和 $N_{300}C_0$ 较对照 N_0C_0 的 DOC 含量显著增加 4.39%、3.76% 和 5.38%、8.64%，施生物炭处理 N_0C_8 较 N_0C_0 显著增加 25.37% 和 17.31%，生物炭和氮肥配施处理 $N_{150}C_8$ 和 $N_{300}C_8$ 较对照显著增加 33.52%、21.85% 和 23.21%、18.31%。20～40 cm 土层，单独施氮处理 $N_{150}C_0$、$N_{300}C_0$ 和生物炭和氮肥配施处理 $N_{150}C_8$ 和 $N_{300}C_8$ 均可显著提高 DOC 含量 2.48%～7.07%，但各施肥处理间差异不显著。

0～10 cm 和 10～20 cm 土层，施氮和生物炭氮肥配施均可显著增加碱解氮（AN）含量。施氮处理 $N_{150}C_0$ 和 $N_{300}C_0$ 较对照显著增加 8.49%、8.41% 和 3.44%、6.80%，两种施氮量间差异不显著；生物炭氮肥配施处理 $N_{150}C_8$ 和 $N_{300}C_8$ 显著增加 17.01%、18.87% 和 12.57%、19.31%，二者间也无显著差异。20～40 cm 土层，施氮和生物炭氮肥配施均可显著增加碱解氮含量，但施氮处理间差异不显著。

由表 22 可知，0～10 cm 和 10～20 cm 土层，生物炭和氮用量均可显著提高土壤硝态氮（NO_3^-）含量，单独施肥处理 N_0C_8、$N_{150}C_0$ 和 $N_{300}C_0$ 较

N_0C_0 显著增加 14.45%、51.13%、57.25% 和 11.23%、31.36%、40.53%；生物炭氮肥配施处理 $N_{150}C_8$ 和 $N_{300}C_8$ 增幅较大，分别较对照增加 51.13%、57.25% 和 31.36%、40.53%。20~40 cm 土层，单独施氮处理 $N_{150}C_0$ 和 $N_{300}C_0$ 较对照显著增加 17.30% 和 35.30%，生物炭氮肥配施处理 $N_{150}C_8$ 和 $N_{300}C_8$ 显著增加 26.65% 和 39.09%。

表 21　生物炭和氮肥配施对土壤可溶性有机碳（DOC）、碱解氮（AN）的影响

处理	可溶性有机碳/（mg/kg）			碱解氮/（mg/kg）		
	0~10 cm	10~20 cm	20~40 cm	0~10 cm	10~20 cm	20~40 cm
N_0C_0	58.59 e	65.66 d	43.87 e	56.70 e	57.27 e	38.50 e
N_0C_8	73.46 b	77.02 cd	44.96 d	57.32 d	58.71 d	39.53 d
$N_{150}C_0$	61.17 d	69.19 e	45.61 c	61.51 c	59.24 c	42.12 c
$N_{150}C_8$	78.24 a	80.90 a	46.45 b	66.34 b	64.48 b	42.51 b
$N_{300}C_0$	60.80 d	71.33 c	46.11 bc	61.47 c	61.17 c	42.29 c
$N_{300}C_8$	71.40 c	77.68 b	46.97 a	67.40 a	68.33 a	43.09 a

注：表中不同字母代表同一土层各处理间差异达显著水平（$P<0.05$），下同。

表 22　生物炭和氮肥配施对土壤硝态氮（NO_3^-）和铵态氮（NH_4^+）的影响

处理	硝态氮/（mg/kg）			铵态氮/（mg/kg）		
	0~10 cm	10~20 cm	20~40 cm	0~10 cm	10~20 cm	20~40 cm
N_0C_0	16.82 e	18.70f	24.05 e	2.12 c	2.01 e	1.82 e
N_0C_8	19.25 e	20.80 e	24.85 e	2.21 b	2.24 c	1.92 d
$N_{150}C_0$	20.57 d	21.86 d	28.21 d	2.15 c	2.05 de	1.95 cd
$N_{150}C_8$	25.42 b	24.54 b	30.46 c	2.31 a	2.43 b	1.98 bc
$N_{300}C_0$	22.42 c	23.77 c	32.54 b	2.25 b	2.00 d	2.01 ab
$N_{300}C_8$	26.45 a	26.28 a	33.45 a	2.35 a	2.51 a	2.05 a

0~10 cm 土层铵态氮（NH_4^+）含量，生物炭氮肥配施处理 $N_{150}C_8$ 和 $N_{300}C_8$ 较单独施生物炭、氮肥处理增幅更大，分别较对照显著增加 8.96% 和 10.85%。10~20 cm 土层，N_0C_8、$N_{150}C_8$ 和 $N_{300}C_8$ 较 N_0C_0 显著增加 11.44%、20.90% 和 24.88%，而 2 种施氮量对 NH_4^+ 含量影响不显著。20~40 cm 土层，各施肥处理均可显著提高 NH_4^+ 含量，以 $N_{300}C_8$ 为最大值，较 N_0C_0 显著增加 12.64%。

第二节　不同生物炭与氮肥配比对土壤碳、氮储量及碳氮比的影响

对 2 个试验点土壤有机碳（SOC）、全氮（TN）和碳氮比（C/N）进行两因素方差分析，由表 23 可知，3 个土层土壤有机碳（SOC）和碳氮比（C/N）受生物炭和氮用量影响极显著（$P<0.01$），且二者交互作用极显著。0~20 cm 土层土壤全氮（TN）受生物炭影响极显著，20~40 cm 土层 TN 受氮用量影响极显著，说明生物炭主要影响施用土层 TN 含量，而氮肥施入后发生水平方向迁移，影响更深层土壤 TN 含量。

从图 14 可以看出，2 个试验点各土层 SOC 随生物炭施用量的增加呈上升趋势，各施氮水平下，均以 C_{24} 处理为最大值；而施氮对各土层影响不一致，0~10 cm 土层 N_{300} 处理 SOC 含量显著大于 N_0 和 N_{150}，10~20 cm 土层，包头试验点表现为 $N_{150}>N_0>N_{300}$。2 个试验点 0~20 cm 土层的 SOC 均大于 20~40 cm 土层。由图 15 可知，生物炭显著增加了 0~20 cm 土层 TN 含量，而施氮仅显著增加了包头 10~20 cm 土层 TN；20~40 cm 土层，包头 TN 含量为 $N_{300}>N_{150}>N_0$，通辽 N_{300} 处理显著大于 N_0 和 N_{150}，而施生物炭对 TN 影响不显著。生物炭主要影响施用土层 TN 含量，而氮肥施入后发生水平方向迁移，影响更深层土壤 TN 含量。从图 16 可以看到，生物炭显著增加了包头 0~10 cm、20~40 cm 土层和通辽 3 个土层的 C/N，而施氮对各土层影响不一致。

表 23　土壤有机碳（SOC）、全氮（TN）和碳氮比（C/N）对不同生物炭和氮肥配比响应的方差分析

处理	有机碳/（g/kg）			全氮/（g/kg）			碳氮比		
	0~10 cm	10~20 cm	20~40 cm	0~10 cm	10~20 cm	20~40 cm	0~10 cm	10~20 cm	20~40 cm
C	**	**	**	**	**	NS	**	**	**
N	**	**	**	NS	NS	**	**	**	**
C×N	**	**	**	NS	NS	NS	**	**	**

注：**、* 和 NS 分别表示差异达极显著水平（$P<0.01$）、显著水平（$P<0.05$）以及差异不显著。

由图 17 和图 18 可知，施用生物炭均显著增加了 3 个土层的 SOC 含量，0~10 cm、10~20 cm 和 20~40 cm 土层施生物炭处理分别较 C_0 显著增加

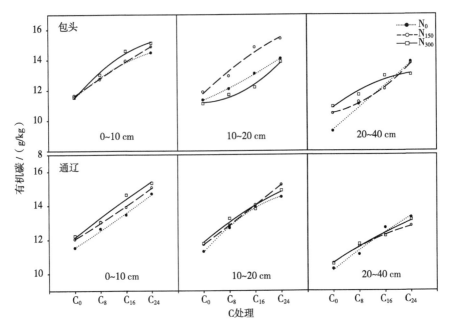

图 14 生物炭和氮肥的不同配比对土壤有机碳（SOC）的影响

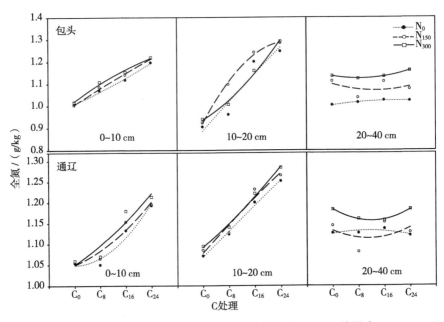

图 15 生物炭和氮肥的不同配比对土壤全氮（TN）的影响

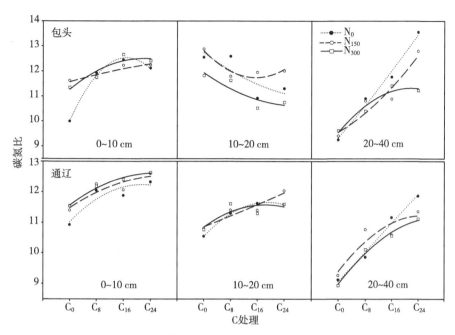

图 16　生物炭和氮肥的不同配比对土壤碳氮比（C/N）的影响

$8.82\% \sim 28.16\%$、$8.96\% \sim 29.79\%$ 和 $8.52\% \sim 28.62\%$（$P<0.05$）；3 个土层
SOC 增益均以 C_{24} 为最大值，分别为 $3.35\ g/kg$、$3.51\ g/kg$ 和 $2.79\ g/kg$。2
个试点 $0 \sim 10\ cm$ 和 $10 \sim 20\ cm$ 土层 TN 在各施氮水平下，随生物炭的增加总
体呈上升趋势，均以 C_{24} 为最大值，分别为 $0.18\ g/kg$ 和 $0.27\ g/kg$，C_{24} 处理的
提升供氮潜力最大，较 C_0 显著增加 17.16% 和 26.92%；$20 \sim 40\ cm$ 土层 TN 含

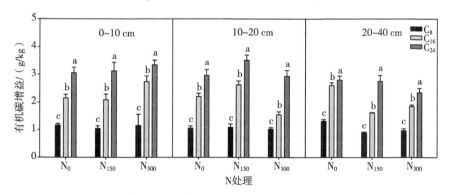

图 17　同一施氮处理下施生物炭对土壤有机碳（SOC）增益的影响

图中不同字母代表同一土层各处理间差异达显著水平（$P<0.05$），下同。

量随生物炭增加变化规律不一致，与 0~20 cm 土层相比变化幅度较小。

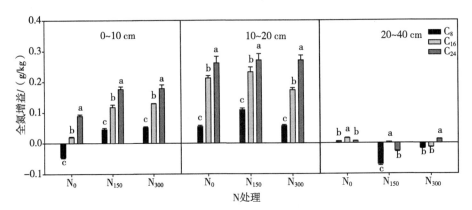

图18 同一施氮处理下施生物炭对土壤全氮（TN）增益的影响

第三节 不同生物炭与氮肥配比对土壤 有效碳、氮的影响

由表 24 可知，通过双因素方差分析，生物炭和氮均对各土层可溶性有机碳（DOC）和碱解氮（AN）影响极显著（$P<0.01$），二者存在极显著的交互作用。

表24 土壤有效态碳、氮对不同生物炭和氮肥配比响应的方差分析

处理	可溶性有机碳/（mg/kg）			碱解氮/（mg/kg）		
	0~10 cm	10~20 cm	20~40 cm	0~10 cm	10~20 cm	20~40 cm
C	**	**	**	**	**	**
N	*	*	**	**	**	**
C×N	**	**	**	**	**	**

注：**、*分别表示差异达极显著水平（$P<0.01$）、显著水平（$P<0.05$）。

由图 19 可知，2 个试验点施加生物炭和氮均可显著增加各土层 DOC 含量，从生物炭水平看，3 个土层 DOC 均随着生物炭施用量的增加呈持续上升趋势；从施氮水平看，0~20 cm 土层，包头 N_{150} 处理 DOC 均显著大于 N_0 和 N_{300}，通辽各施氮量间差异不显著，20~40 cm 土层，2 个试验点 N_{150} 和

N_{300}处理 DOC 显著大于 N_0。

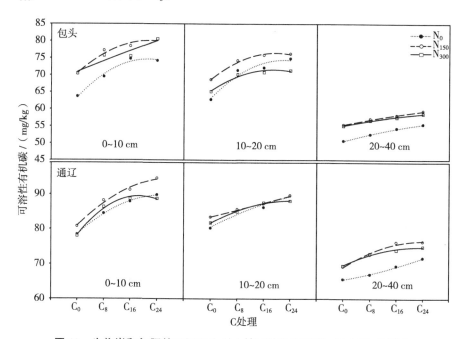

图 19　生物炭和氮肥的不同配比对土壤可溶性有机碳（DOC）的影响

由图 20 可知，0~20 cm 土层，施氮（N_{150} 和 N_{300}）显著增加了包头土壤碱解氮（AN）含量，而施生物炭对 AN 影响较小；通辽各施生物炭处理和 N_{150} 均显著增加 AN 含量。20~40 cm 土层，通辽施生物炭和氮处理均显著增加 AN，而包头施生物炭和氮均对 AN 无显著影响。生物炭和氮配施后，2 个试验点 AN 含量表现为 0~10 cm 土层>10~20 cm 土层>20~40 cm 土层。

由图 21、图 22 可以看出，3 个土层施加生物炭处理的 DOC 含量较不施生物炭处理显著增加 8.38%~15.75%、5.17%~10.76% 和 2.80%~9.37%，各施生物炭量均以 C_{24} 的增益最大，3 个土层分别为 11.89 mg/kg、10.77 mg/kg 和 5.59 mg/kg。施生物炭和氮对 0~20 cm 土层 DOC 的增幅显著大于 20~40 cm 土层，说明生物炭和氮肥施入对表层土壤的促进效果更大，这对促进作物根系最活跃部分吸收养分具有重要意义。施生物炭和氮均可显著增加 AN 含量，C_{24} 处理增加幅度显著大于 C_8 和 C_{16}，3 个土层 C_{24} 处理分别为 8.96 mg/kg、6.52 mg/kg 和 7.27 mg/kg；

施氮也可显著增加各土层 AN，3 个土层的增幅分别为 2.32%～4.56%、7.65%～14.09%和 1.52%～6.95%。

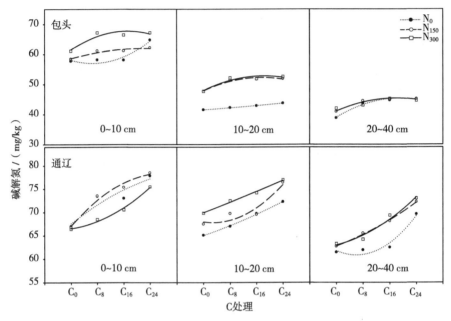

图 20　生物炭和氮肥的不同配比对土壤碱解氮（AN）的影响

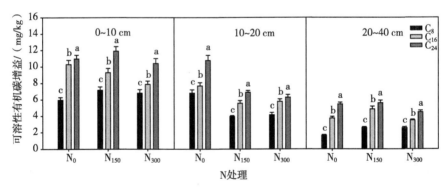

图 21　同一施氮处理下施生物炭对可溶性有机碳（DOC）增益的影响

图中不同字母代表同一土层各处理间差异达显著水平（$P<0.05$），下同。

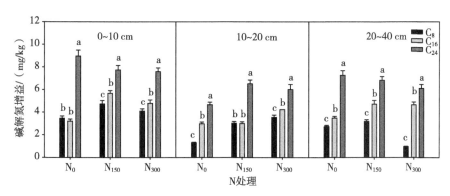

图22　同一施氮处理下施生物炭对土壤碱解氮（AN）增益的影响

第四节　不同生物炭与氮肥配比对土壤无机氮的影响

通过方差分析可知（表25），生物炭和氮对各土层硝态氮（NO_3^-）和铵态氮（NH_4^+）均存在极显著影响（$P<0.01$），对 NO_3^- 存在极显著交互作用，而仅对 20~40 cm 土层 NH_4^+ 存在极显著交互作用。

表25　土壤无机氮对不同生物炭和氮肥配比响应的方差分析

处理	硝态氮/（mg/kg）			铵态氮/（mg/kg）		
	0~10 cm	10~20 cm	20~40 cm	0~10 cm	10~20 cm	20~40 cm
C	**	**	**	**	**	**
N	**	**	**	**	**	**
C×N	**	**	**	NS	NS	**

注：**、*和 NS 分别表示差异达极显著水平（$P<0.01$）、显著水平（$P<0.05$）以及差异不显著。

由图23和图24可知，施用生物炭和氮均可显著增加各土层 NO_3^- 的含量。3 个土层，单独施生物炭时变化较小，配施氮后，施生物炭对 NO_3^- 含量的增加趋势更明显，说明生物炭对氮素的吸附能力会在配施氮肥后更强；施氮显著增加 NO_3^- 含量，0~20 cm 土层表现为 $N_{300}>N_{150}>N_0$，20~40 cm 土层两种施氮量间差异不显著。施生物炭和氮均可显著增加 0~40 cm 土层 NH_4^+含量，0~10 cm 土层两种施氮量间差异不显著，0~20 cm 土层 NH_4^+ 含量显著大于 20~40 cm 土层。

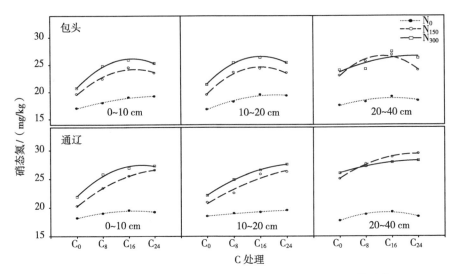

图 23　生物炭和氮肥的不同配比对土壤硝态氮（NO_3^-）的影响

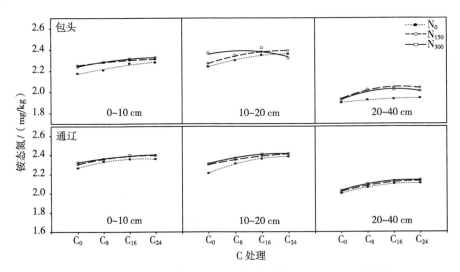

图 24　生物炭和氮肥的不同配比对土壤铵态氮（NH_4^+）的影响

由图 25 和图 26 可知，3 个土层随着生物炭量的增加，NO_3^-增幅逐渐增大，C_8、C_{16} 和 C_{24} 处理分别较 C_0 显著增加 5.11%~25.44%、5.38%~24.01%和4.55%~15.83%；各土层最大增益分别为 $N_{300}C_{16}$、$N_{150}C_{16}$ 和 $N_{150}C_{16}$，增益值为 5.10 mg/kg、4.85 mg/kg 和 3.80 mg/kg，C_{16} 和 C_{24} 的增幅相

近，过量施生物炭并没有继续增加 NO_3^- 含量。施氮显著增加各土层 NO_3^- 含量，0~20 cm 土层 2 种施氮量间增幅相近，过量施氮同样没有持续增加 NO_3^- 含量。各土层 NH_4^+ 含量随生物炭施用量的增加增幅逐渐增大（10~20 cm 土层 N_{300} 处理除外），C_8、C_{16} 和 C_{24} 处理分别显著增加了 1.55% ~ 4.43%、1.15%~6.59% 和 2.20%~5.55%，各土层最大增益分别为 N_0C_{24}、N_0C_{24} 和 $N_{150}C_{24}$，增益值为 0.10mg/kg、0.15mg/kg 和 0.11mg/kg。

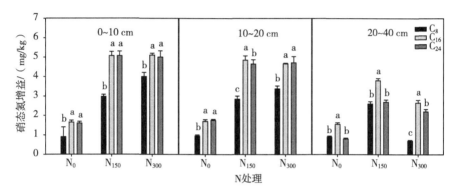

图 25　同一施氮处理下施生物炭对土壤硝态氮（NO_3^-）增益的影响

图中不同字母代表同一土层各处理间差异达显著水平（$P<0.05$），下同。

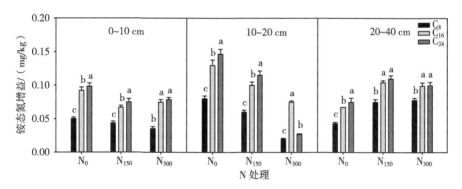

图 26　同一施氮处理下施生物炭对土壤铵态氮（NH_4^+）增益的影响

本研究表明，生物炭与氮肥配施可显著提高土壤碳氮储量，进而改变土壤碳氮比，单独施生物炭和生物炭氮肥配施均显著增加了 0~20 cm 土层碳氮比，而单独施氮降低碳氮比。单独施生物炭、氮以及二者配施均可显著提高土壤有效态碳、氮含量，各处理均以二者配施处理为最大值。生物炭和氮肥配施较单独施生物炭、氮以及对照处理均显著增加了土壤碳氮储量和有效碳氮含量。

生物炭和氮肥对 2 个试点 3 个土层有机碳和碳氮比均有极显著影响（$P<0.01$），且二者交互作用极显著。生物炭和氮肥配施可显著提高土壤碳、氮储量，改变土壤碳氮比。3 个土层有机碳含量以及 0~20 cm 土层全氮含量在各施氮水平，随生物炭施用量的增加而增加，均以 C_{24} 为最大值；生物炭能够显著提高土壤碳氮比，而氮肥对其影响差异不显著。生物炭单独施入和生物炭和氮肥配施均可显著持续增加 SOC 含量，但高生物炭施用量同比增幅开始减小。本研究结果认为生物炭对 TN 含量的提升在配施氮肥后更明显。本研究还发现，生物炭配施氮肥可显著增加土壤碳氮比（C/N），其中生物炭起主导作用，这是因为生物炭本身富含有机碳，施入后直接增加 SOC，而生物炭对氮素的吸附作用小于其本身对 SOC 的增加，C 素增幅大于 N 素，因而 C/N 增加；而 20~40 cm 土层，生物炭和氮肥配施降低了土壤 C/N 是由于生物炭一般不发生空间的迁移，对非施用土层的影响较小，而氮肥随水移动较大，显著增加了深层土壤的 N 素含量。

本研究中，高量施用生物炭和各施氮量均可显著增加土壤有效态碳、氮，且对 0~20 cm 土层的促进作用大于 20~40 cm 土层。生物炭可显著增加 2 个试验点 0~20 cm 土层水溶性有机碳含量（DOC），各生物炭施用量均以 C_{24} 处理为最大值；N_{150} 处理显著增加 3 个土层 DOC 含量。随生物炭施用量的增加，DOC 含量显著持续增加，但增幅小于 SOC。本研究尝试在施加生物炭的同时配施适量氮肥，结果表明，较单独施生物炭，配施 150 kg/hm^2 氮肥后，DOC 增幅变大，这是由于适量的氮源可增加微生物活性，从而促进土壤难溶物质的分解，增加了产物 DOC 含量[112]，而 DOC 同时又可为微生物活动提供碳源，有效态碳和微生物相辅相成、互相促进。本研究结果还表明，施入 300 kg/hm^2 氮肥与 150 kg/hm^2 差异不显著。

土壤碱解氮（AN）或称水解性氮，包括无机态氮和易水解的有机态氮，能够表征短期内土壤的供氮能力。生物炭可显著增加包头 0~20 cm 土层和通辽 0~40 cm 土层土壤碱解氮（TN），而氮对其影响不一致。随着生物炭量的增加，对无机氮的增幅也逐渐增大，但 C_{24} 与 C_{16} 处理的增幅相近，说明高量施加生物炭没有进一步增加无机氮含量。较单独施生物炭或施氮处理，生物炭配施氮肥对包头 0~20 cm 土层和通辽 0~40 cm 土层土壤 TN 含量提升更明显，但 C_{16} 与 C_{24} 处理的增幅相近，说明高量施加生物炭没有进一步增加 TN 含量，效率下降。

土壤 DOC 和 TN 含量随土层的加深而逐渐减小，生物炭和氮肥配施对 0~20 cm 土层的促进作用显著大于 20~40 cm 土层，说明 0~20 cm 土层各生物化学性质对生物炭和氮肥响应更敏感，这是因为本层土壤碳氮比的改变和微生物活性的增加均促进了有效性碳氮含量的增加。生物炭和氮肥施入对表层土壤有效养分的增加有利于根系最活跃部分对养分的吸收，对促进玉米生长具有重要意义。

生物炭对不同土壤无机氮的积极影响总体是一致的，在本试验中，施生物炭显著增加 NO_3^- 含量，这是由于一方面生物炭促进硝化作用累积了更多的 NO_3^-[113]；另一方面，NO_3^- 主要存在于土壤水溶液中，生物炭的保水效果使 NO_3^- 也随之增加[114]。而 C_{24} 处理 NO_3^- 含量开始下降是由于 C_{24} 处理的土壤含水量和蓄水量均有所降低，且不理想的土壤三相比降低了土壤的保水保肥能力。另外，在 2 个试验点试验中，包头各配施处理组合的 NO_3^- 含量均小于通辽，是由于包头的降水量较大，加剧了 NO_3^- 的淋溶。本试验中施用生物炭可显著增加 NH_4^+ 含量，但各施用量间差异不显著，这是由于生物炭虽增加土壤 NH_4^+[115]，但由于生物炭可显著促进土壤硝化作用，促使吸附的 NH_4^+ 快速转化成了 NO_3^-，因而增加生物炭施用量并没有显著增加 NH_4^+ 含量。生物炭和氮肥配施较单独施用对无机氮的提升更显著，这是因为氮肥作为无机肥料施入后可直接增加土壤无机氮含量，因此生物炭配施氮肥较单独施生物炭效果更好。但是，过量施生物炭或氮均不能继续增加无机氮含量，说明适量配施效率更高。

第四章　生物炭与氮肥配施对土壤生物学特性的影响

　　土壤微生物是土壤物质循环的重要参与者，既是腐殖质形成和养分转化的驱动力，又可以作为植物有效养分的储备库，而土壤微生物量是表征土壤微生物对耕作方式和施肥措施响应的主要指标[116]。碳氮循环是土壤物质循环的关键过程，根据所有微生物所含碳和氮的数量总和，从元素的角度可将土壤微生物数量分为微生物量碳和微生物量氮[117]，土壤微生物量碳、氮可以综合反映土壤微生物活性和土壤肥力状况[118]。生物炭由于其特殊结构特征能够显著影响土壤微生物数量和活性，生物炭的多微孔结构，减少了微生物间的生存竞争，保护土壤有益微生物数量，在施入土壤后可为土壤微生物提供良好的栖息环境，同时生物炭的强吸附性能够吸附土壤中的有效养分，为微生物生存和繁殖提供碳源、能量和矿物质营养。陈心想等[57]研究表明，生物炭能够显著增加小麦苗期、越冬期和返青期土壤微生物量碳以及玉米成熟期、返青期和拔节期微生物量氮含量，且以施入 80 t/hm² 的效果最明显。尚杰等[119]研究表明，在 0~20 cm 的土层，微生物量碳、氮随着生物炭量的增加先增加后减小，且以 40 t/hm² 或 60 t/hm² 增幅最大。郭俊娒等[100]通过连续 2 年添加玉米秸秆生物炭试验表明，生物炭能够显著提高土壤微生物量碳。但 Dempster 等[120]通过室内培养试验研究认为，25 t/hm² 生物炭显著降低了土壤微生物量碳，这可能是由于生物炭在高温裂解过程产生了少量的多环芳烃等有毒化合物，施入土壤后能够吸附重金属离子，从而抑制了某些微生物的生长[121]。黄超等[122]也指出，生物炭对高肥力土壤的微生物量碳存在抑制作用，且随着施用量的增加而增加。不同学者得出土壤微生物量对生物炭的响应不同，原因可能是不同学者选取的生物炭材料和制备温度以及土壤生物活性因子等条件不同。

　　土壤中养分转化、腐殖质形成等各类生物化学反应共同推动着土壤的新陈代谢，土壤微生物是土壤生物化学的重要参与者，而土壤酶作为微生物的产物，其活性代表了物质代谢的旺盛程度。土壤酶是表征土壤肥力和生物活性的重要指标，可反映土壤理化特性、肥力水平及微生物活性，较其他土壤性质对土壤耕作措施和肥料管理反应更迅速。施入生物炭对土壤酶活性具有显著影响，其影响程度受生物炭的原料、制备温度以及土壤类型、理化性质、微生态环境不同而有所差异。生物炭由于富碳组成和强吸附性，施入土壤后，对土壤酶的影响较为复杂，一方面，生物炭改善了土壤的理化性质，良好的微生态环境促使微生物数量和活性的增加，有机质分解加快为土壤酶促反应提供了更多底物[123]；另一方面，生物炭中活性有机碳部分为土壤微生物生长提供了碳源，促进微生物繁殖和活性，进而增加了微生物产物——酶的活性。但也有研究认为，生物炭对酶的吸附保护了酶促反应的结合位点，从而抑制了酶促反应的进行[124]。

当前对于生物炭影响土壤酶的研究主要集中在与土壤碳、氮循环以及微生物相关的几种酶上。土壤蔗糖酶直接参与土壤碳循环，可表征土壤的碳素营养状况，同时对增加土壤中易溶解物质起着重要作用，可反映土壤有机碳的积累和分解转化规律；脲酶主要作用是催化尿素的水解，它直接参与土壤含氮有机化合物的转化，可提高氮的生物有效性，可用来表征土壤供氮能力；过氧化氢酶广泛存在于土壤中和微生物体内，直接参与土壤呼吸过程的物质代谢，与土壤有机质和微生物数量关系密切，其活性可用来表征土壤氧化程度和生物活性[125]。陈心想等[57]研究施加生物炭对小麦—玉米轮作土壤生物活性的影响，结果表明，生物炭可显著提高土壤脲酶、过氧化氢酶活性和酶指数，但对蔗糖酶影响不显著。顾美英等[58]研究表明，在沙土上施用 $67.5 \sim 112.5$ t/hm² 生物炭能够显著提高土壤蔗糖酶和过氧化氢酶活性，施用 67.5 t/hm² 对土壤微生物数量和酶活性的促进作用最显著。张继旭等[126]研究表明，施入秸秆生物炭可提高土壤蔗糖酶、脲酶和酸性磷酸酶活性。黄剑等[127]研究认为，生物炭可增加土壤过氧化氢酶和碱性磷酸酶活性，但施用量过高抑制土壤脲酶活性。周震峰等[128]研究表明，5%生物炭量对土壤蔗糖酶和脲酶活性的促进作用最大，而1%生物炭量对土壤过氧化氢酶活性促进作用优于5%的用量，且表现为前期抑制后期促进的效果。冯爱青等[129]研究表明，生物炭和秸秆还田对小麦—玉米轮作体系土壤的酶活性均有显著影响，二者均可显著提高小麦土壤的脲酶活性，但会抑制土壤过氧化氢酶活性。尚杰等[49]通过盆栽试验研究生物炭对砂土、壤土和盐土的影响，结果表明，总体酶活性最大值分别为施用量 45 t/hm²、45 t/hm² 和 30 t/hm²；通过大田试验[119]研究得出，施加 40 t/hm² 或

60 t/hm^2 生物炭对 0 ~ 20 cm 土层大多数酶均有促进作用，与土壤碳、氮、磷循环相关的 6 种酶均随着生物炭的施用量增加总体呈先增后减的趋势，在 60 t/hm^2 施用量时土壤生物活性综合得分最高。

生物炭施入土壤后，可提高土壤的生物活性，促进物质循环，提高土壤养分有效性，但其施用量根据土壤类型及生物学性质的不同而有所差异。赵军等[130]研究了竹炭、木炭和生物炭基肥对土壤酶活性的影响，结果表明在沙土上施加木炭基肥的蔗糖酶活性较高，壤土则是施用竹炭基肥的活性最高，而木炭在两种土壤中均对过氧化氢酶活性的促进作用最明显。

第一节　生物炭配施氮肥对土壤微生物特性的影响

一、对土壤微生物数量和微生物熵的影响

由表 26 可知，生物炭和氮用量均可显著增加各层土壤的微生物量碳（SMBC）、微生物量氮（SMBN）和微生物熵（SMQ）（$P<0.05$），生物炭和氮肥配施处理较单独施肥对微生物量的影响更大。

0 ~ 10 cm 和 10 ~ 20 cm 土层，单独施生物炭处理 N_0C_8 和单独施氮处理 $N_{150}C_0$ 和 $N_{300}C_0$ 的 SMBC 较对照 N_0C_0 显著增加 14.85%、29.01%、29.41% 和 20.08%、28.55%、32.79%，2 种施氮量间差异不显著；生物炭和氮肥配施处理 $N_{150}C_8$ 和 $N_{300}C_8$ 较对照增幅最大，分别增加 58.15%、55.67% 和 64.59%、59.58%，但 2 种施肥处理间差异不显著。20 ~ 40 cm 土层，单独施生物炭和单独施氮处理 N_{150} 均与对照无显著差异，单独施氮处理 N_{300} 和二者配施处理显著增加 SMBC，$N_{300}C_0$、$N_{150}C_8$ 和 $N_{300}C_8$ 较 N_0C_0 显著增加 14.33%、38.39% 和 35.29%。

0 ~ 10 cm 土层，$N_{150}C_8$ 和 $N_{300}C_8$ 处理较对照增幅最大，SMBN 显著增加 46.85% 和 48.22%，但 2 个施肥处理间差异不显著。10 ~ 20 cm 土层，单独施氮处理 $N_{150}C_0$ 和 $N_{300}C_0$ 较对照显著增加 15.13% 和 16.73%，但二者间无显著差异，生物炭和氮肥配施处理 $N_{150}C_8$ 和 $N_{300}C_8$ 较对照显著增加 42.29% 和 48.68%，但两种施肥处理间差异不显著。20 ~ 40 cm 土层，单独施氮处理 $N_{150}C_0$ 和 $N_{300}C_0$ 的 SMBN 显著增加 8.51% 和 10.18%，生物炭和氮肥配施处理 $N_{150}C_8$ 和 $N_{300}C_8$ 较对照增幅最大，分别增加 41.60%

和 27.17%。

0~10 cm 和 10~20 cm 土层，单独施加生物炭对土壤微生物熵（SMQ）无显著影响，单独施氮处理 $N_{150}C_0$ 和 $N_{300}C_0$ 较 N_0C_0 显著增加 29.02%、28.96% 和 25.05%、29.14%，但二者间差异不显著，$N_{150}C_8$ 和 $N_{300}C_8$ 处理显著增加 42.32%、39.36% 和 38.65%、32.06%，$N_{150}C_8$ 的 SMQ 显著大于 $N_{300}C_8$，说明过量施氮不利于 SMQ 的增加。20~40 cm 土层，$N_{150}C_8$ 和 $N_{300}C_8$ 处理的 SMQ 为最大值，较 N_0C_0 显著增加 30.46%、26.77%。生物炭和氮肥配施较单独施用更能促进微生物量和微生物熵，而生物炭配施 N_{150} 和 N_{300} 间差异不显著，说明过量施氮不能进一步增加土壤微生物数量。

表 26　生物炭和氮肥配施对土壤微生物量碳（SMBC）、

微生物量氮（SMBN）和微生物熵（SMQ）的影响

处理	微生物量碳/ (mg/kg)			微生物量氮/（mg/kg）			微生物熵		
	0~ 10 cm	10~ 20 cm	20~ 40 cm	0~ 10 cm	10~ 20 cm	20~ 40 cm	0~ 10 cm	10~ 20 cm	20~ 40 cm
N_0C_0	84.33 d	93.59 d	90.29 c	41.38 d	28.07 d	24.12 e	7.41 c	8.60 d	9.21 c
N_0C_8	96.86 c	112.39 c	90.48 c	45.46 bc	31.15 c	24.87 d	7.73 c	8.74 d	8.60 d
$N_{150}C_0$	108.80 b	120.31 b	93.25 c	45.86 b	32.32 b	26.17 c	9.56 b	10.75 c	9.61 c
$N_{150}C_8$	133.38 a	154.05 a	124.95 a	60.77 a	39.95 a	34.15 a	10.55 a	11.92 a	12.02 a
$N_{300}C_0$	109.14 b	124.28 b	103.23 b	45.03 c	32.77 b	26.57 c	9.56 b	11.10 bc	10.34 b
$N_{300}C_8$	131.29 a	149.36 a	122.15 a	61.34 a	41.74 a	30.67 b	10.33 a	11.35 b	11.68 a

注：表中不同字母代表同一土层各处理间差异达显著水平（$P<0.05$），下同。

二、对土壤酶活性的影响

由表 27 可知，单独施加生物炭和氮均可显著增加 3 个土层蔗糖酶（SU）活性，但肥料处理间差异不显著，0~10 cm、10~20 cm 和 20~40 cm 土层，单独施生物炭处理 N_0C_8 和单独施氮处理 $N_{150}C_0$ 和 $N_{300}C_0$ 较对照 N_0C_0 显著增加 13.37%~15.69%、3.48%~8.86% 和 8.98%~20.25%。生物炭和氮肥配施处理 $N_{150}C_8$ 和 $N_{300}C_8$ 较对照的增幅更大，3 个土层分别显著增加 28.20% 和 20.21%、18.15% 和 16.26%、31.00% 和 29.62%，其中，$N_{150}C_8$

处理显著大于 $N_{300}C_8$ 处理。

0~10 cm 土层脲酶（UR）活性，单独施氮处理 $N_{150}C_0$ 和 $N_{300}C_0$ 较对照显著增加 16.63% 和 16.84%，生物炭和氮肥配施增幅较大，$N_{150}C_8$ 和 $N_{300}C_8$ 较 N_0C_0 显著增加 63.89% 和 61.05%，单独施氮肥之间以及 2 种配施肥间均无显著差异；单独施生物炭对 UR 无显著影响。10~20 cm 和 20~40 cm 土层，各施肥处理均可显著增加 UR 活性，其中配施处理 $N_{150}C_8$ 和 $N_{300}C_8$ 增幅较大，分别较对照显著增加 46.86%、52.54% 和 37.04%、34.11%。

0~10 cm、10~20 cm 和 20~40 cm 土层过氧化氢酶（CAT）活性，单独施生物炭和单独施氮处理 CAT 活性均可显著增加 18.35%~19.86%、17.93%~33.42% 和 2.50%~10.97%，生物炭和氮肥配施增幅较大，$N_{150}C_8$ 和 $N_{300}C_8$ 分别较对照显著增加 53.72% 和 55.76%、66.72% 和 67.06%、18.11% 和 23.14%，二者间无显著差异。

表 27　生物炭和氮肥配施对土壤酶活性的影响

处理	蔗糖酶 SU/[mg/(g·d)]			脲酶 UR/[mg/(g·d)]			过氧化氢酶 CAT/ [mg/(g·d)]		
	0~ 10 cm	10~ 20 cm	20~ 40 cm	0~ 10 cm	10~ 20 cm	20~ 40 cm	0~ 10 cm	10~ 20 cm	20~ 40 cm
N_0C_0	26.45 e	21.63 e	7.37 e	2.47 c	1.76 e	0.99 d	1.88 c	1.52 e	2.20 d
N_0C_8	30.40 c	22.80 d	8.07 d	2.46 c	1.88 d	1.08 c	2.24 b	1.79 d	2.26 d
$N_{150}C_0$	29.99 d	23.55 c	8.86 c	2.88 b	2.05 c	1.24 b	2.25 b	1.93 c	2.33 c
$N_{150}C_8$	33.91 a	25.56 a	9.65 a	4.04 a	2.59 b	1.35 a	2.88 a	2.53 a	2.65 a
$N_{300}C_0$	30.60 c	22.38 d	8.03 d	2.88 b	2.05 c	1.31 a	2.22 b	2.03 b	2.44 b
$N_{300}C_8$	31.80 b	25.15 b	9.55 b	3.97 a	2.69 a	1.32 a	2.92 a	2.54 a	2.71 a

从图 27 可以看出，0~10 cm 和 10~20 cm 土层，单独施生物炭或氮均可显著增加土壤总体酶活性指数（Et），但 2 种施氮量间差异不显著，生物炭和氮肥配施对 Et 增加幅度更大，$N_{150}C_8$ 和 $N_{300}C_8$ 较 N_0C_0 显著增加 47.95%、44.84% 和 42.78%、43.86%。20~40 cm 土层，单独施生物炭处理 N_0C_8 和单独施氮处理 $N_{150}C_0$ 和 $N_{300}C_0$ 较 N_0C_0 显著增加 5.17%、12.48% 和 15.18%，2 种施氮量间差异不显著，生物炭和氮肥配施处理 $N_{150}C_8$ 和 $N_{300}C_8$ 较 N_0C_0 显著增加 24.28% 和 26.55%。

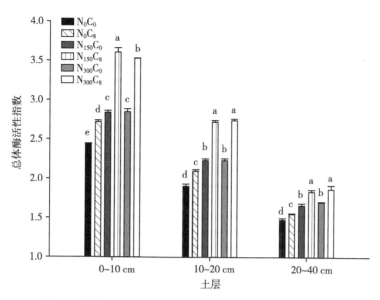

图27　生物炭和氮肥配施对土壤总体酶活性（Et）的影响

图中不同字母代表同一土层各处理间差异达显著水平（$P<0.05$）。

三、土壤生物化学性质之间的相关性

由表28可知，在0~10 cm和10~20 cm土层，化学性质方面，土壤总碳（SOC）、全氮（TN）含量和碳氮比（C/N）之间显著相关（$P<0.05$），生物炭和氮肥的输入通过直接影响土壤碳氮储量进而影响土壤碳氮比。生物学性质方面，土壤微生物量、微生物熵、碳氮循环相关酶活性以及总体酶活性均存在显著（$P<0.05$）或极显著（$P<0.01$）相关，说明土壤生物学性质之间密切关联。化学与生物学性质方面，TN与0~10 cm土层各生物化学性质间存在显著相关，与10~20 cm土层存在极显著相关；土壤碱解氮（AN）、硝态氮（NO_3^-）和铵态氮（NH_4^+）与土壤各生物学性质均存在显著或极显著相关，土壤有效态氮与微生物、酶活性之间密切相关。

在20~40 cm土层，TN与C/N显著负相关，与可溶性碳（DOC）显著相关，与可被植物直接吸收的氮素形式（AN、NO_3^-、NH_4^+）极显著相关，而SOC与其他化学性质之间无相关性，由于氮素容易发生淋失，因此深层土壤中氮素与各有效态碳氮关系更密切。土壤微生物与土壤酶活性间显著或极显著相关。土壤DOC与各生物学性质间显著或极显著相关，而有效态氮与土壤酶活性显著相关，这说明深层土壤有效态碳氮均与生物学性质关系密切。

生物炭配施氮肥改善春玉米土壤理化性质的调控机制

表 28 土壤生物化学性质的相关分析

土层/cm	项目	SOC	TN	C/N	DOC	AN	NO$_3^-$	NH$_4^+$	SMBC	SMBN	SMQ	SU	UR	CAT	Et
0~10	SOC	1													
	TN	0.859*	1												
	C/N	0.875*	0.505	1											
	DOC	0.949**	0.827*	0.812*	1										
	AN	0.525	0.726	0.205	0.518	1									
	NO$_3^-$	0.611	0.852*	0.231	0.600	0.973**	1								
	NH$_4^+$	0.757	0.956**	0.383	0.705	0.858*	0.944**	1							
	SMBC	0.611	0.803	0.272	0.641	0.980**	0.981**	0.885*	1						
	SMBN	0.781	0.823*	0.547	0.758	0.928**	0.921**	0.894*	0.938**	1					
	SMQ	0.338	0.631	-0.026	0.399	0.955**	0.928**	0.758	0.951**	0.801	1				
	SU	0.694	0.866*	0.342	0.802	0.810	0.875*	0.838*	0.909*	0.827*	0.824*	1			
	UR	0.625	0.738	0.367	0.627	0.972**	0.940**	0.861*	0.960**	0.974**	0.884**	0.806	1		
	CAT	0.787	0.872*	0.506	0.776	0.936**	0.950**	0.918**	0.964**	0.987**	0.837*	0.889*	0.956**	1	
	Et	0.718	0.834*	0.428	0.735	0.960**	0.961**	0.905*	0.982**	0.984**	0.882*	0.896*	0.981**	0.990**	1

· 52 ·

（续表）

土层/cm	项目	SOC	TN	C/N	DOC	AN	NO$_3^-$	NH$_4^+$	SMBC	SMBN	SMQ	SU	UR	CAT	Et
	SOC	1													
	TN	0.905*	1												
	C/N	0.916*	0.658	1											
	DOC	0.941*	0.921**	0.795	1										
	AN	0.691	0.913*	0.370	0.698	1									
	NO$_3^-$	0.591	0.844*	0.266	0.685	0.942**	1								
	NH$_4^+$	0.932**	0.991**	0.715	0.905*	0.894*	0.787	1							
10~20	SMBC	0.697	0.913*	0.375	0.813*	0.910*	0.939**	0.860*	1						
	SMBN	0.747	0.949**	0.429	0.789	0.972**	0.929**	0.922**	0.971**	1					
	SMQ	0.301	0.639	-0.063	0.502	0.763	0.885*	0.546	0.892*	0.812*	1				
	SU	0.750	0.896*	0.477	0.804	0.847*	0.807	0.872*	0.943**	0.945**	0.773	1			
	UR	0.695	0.923**	0.36	0.744	0.966**	0.917*	0.893*	0.966**	0.996**	0.833*	0.946**	1		
	CAT	0.695	0.923**	0.363	0.791	0.945*	0.953*	0.876*	0.995**	0.987**	0.882*	0.936*	0.983**	1	
	Et	0.716	0.931**	0.390	0.788	0.947*	0.925*	0.895*	0.987**	0.994**	0.853*	0.961*	0.994**	0.994**	1

（续表）

土层/cm	项目	SOC	TN	C/N	DOC	AN	NO$_3^-$	NH$_4^+$	SMBC	SMBN	SMQ	SU	UR	CAT	Et
20~40	SOC	1													
	TN	0.141	1												
	C/N	0.221	-0.933**	1											
	DOC	0.459	0.913*	-0.743	1										
	AN	0.196	0.944**	-0.872*	0.959**	1									
	NO$_3^-$	0.245	0.982**	-0.880*	0.931**	0.928**	1								
	NH$_4^+$	0.440	0.938**	-0.766	0.972**	0.926**	0.937**	1							
	SMBC	0.549	0.673	-0.483	0.842*	0.751	0.777	0.722	1						
	SMBN	0.519	0.552	-0.384	0.784	0.716	0.651	0.626	0.958**	1					
	SMQ	0.37	0.721	-0.595	0.831*	0.792	0.810	0.703	0.980**	0.940**	1				
	SU	0.465	0.635	-0.486	0.856*	0.823*	0.659	0.731	0.840*	0.889*	0.821*	1			
	UR	0.260	0.910*	-0.817	0.955**	0.978**	0.923**	0.910*	0.800	0.783	0.833*	0.807	1		
	CAT	0.530	0.817*	-0.625	0.935**	0.853*	0.883*	0.862*	0.960**	0.875**	0.940**	0.860**	0.857*	1	
	Et	0.453	0.854*	-0.693	0.970**	0.927**	0.897*	0.892*	0.934**	0.889*	0.932**	0.912**	0.930**	0.980**	1

注：** 表示差异达极显著水平（$P<0.01$），* 表示差异达显著水平（$P<0.05$）。

第二节　不同生物炭与氮肥配比对土壤微生物量和微生物熵的影响

由表29~表34可知，0~10 cm土层微生物量碳（SMBC）在各施氮水平下，包头和通辽施生物炭处理较不施生物炭处理显著增加9.10%~32.78%和20.04%~107.03%（$P<0.05$）；施氮处理（N_{150}和N_{300}）显著增加了包头的SMBC，而通辽试验点氮肥配施高量生物炭时SMBC有下降趋势。10~20 cm土层各施氮水平下，包头各施生物炭处理SMBC显著增加16.27%~48.73%，通辽仅C_8较C_0显著增加了34.08%~32.54%，过量施生物炭不利于SMBC的增加；各生物炭水平下，2试验点施氮处理较不施氮显著增加3.55%~22.60%和10.75%~58.29%，$N_{150}>N_{300}>N_0$，过量施氮也不利于SMBC的增加。20~40 cm土层，从施生物炭量方面看，包头和通辽施加生物炭SMBC显著增加4.35%~57.76%和3.31%~61.15%；从施氮量方面看，通辽施氮较不施氮处理显著增加4.51%~49.97%，包头仅C_8N_{150}较C_8N_0显著增加57.82%。

表29　生物炭和氮肥的不同配比对包头试验点土壤微生物量碳（SMBC）的影响

地点	土层/cm	处理	微生物量碳/（mg/kg）		
			N_0	N_{150}	N_{300}
包头	0~10	C_0	89.87 c	113.42 c	106.57 d
		C_8	111.17 a	150.60 a	135.98 a
		C_{16}	106.41 ab	125.94 b	120.88 b
		C_{24}	102.33 b	105.09 d	116.26 c
	10~20	C_0	117.66 d	142.98 c	75.81 c
		C_8	175.00 a	193.78 a	158.09 b
		C_{16}	167.53 b	179.30 b	173.47 a
		C_{24}	143.97 c	176.50 b	167.39 a
	20~40	C_0	103.27 c	109.93 b	74.86 c
		C_8	107.76 bc	170.06 a	79.40 b
		C_{16}	125.71 a	109.66 b	118.09 a
		C_{24}	112.49 b	102.67 b	111.28 a

注：表中不同字母代表同一土层各处理间差异达显著水平（$P<0.05$），下同。

表 30 生物炭和氮肥的不同配比对通辽试验点土壤微生物量碳 (SMBC) 的影响

地点	土层/cm	处理	微生物量碳/ (mg/kg)		
			N_0	N_{150}	N_{300}
通辽	0~10	C_0	64.29 d	101.71 c	98.03 c
		C_8	108.78 c	148.83 a	128.82 a
		C_{16}	133.10 a	131.12 b	132.01 a
		C_{24}	119.64 b	130.93 b	117.67 b
	10~20	C_0	96.73 b	117.48 c	111.08 b
		C_8	130.19 a	157.53 a	144.19 a
		C_{16}	98.37 b	155.71 a	114.61 b
		C_{24}	90.91 c	122.44 b	112.87 b
	20~40	C_0	55.82 c	69.26 c	77.09 b
		C_8	66.55 b	99.81 a	79.64 ab
		C_{16}	89.95 a	94.01 a	84.81 a
		C_{24}	64.39 b	83.34 b	80.98 ab

表 31 生物炭和氮肥的不同配比对包头试验点土壤微生物量氮 (SMBN) 的影响

地点	土层/cm	处理	微生物量氮/ (mg/kg)		
			N_0	N_{150}	N_{300}
包头	0~10	C_0	31.32 b	42.02 c	50.73 b
		C_8	37.58 a	55.70 a	59.08 a
		C_{16}	25.45 d	50.74 b	40.74 c
		C_{24}	28.53 c	30.72 d	32.25 d
	10~20	C_0	23.49 c	30.59 d	26.02 b
		C_8	33.49 a	61.89 a	46.27 a
		C_{16}	27.38 b	53.65 b	49.87 a
		C_{24}	27.71 b	36.87 c	28.27 b
	20~40	C_0	21.69 b	19.27 c	21.83 c
		C_8	22.46 ab	43.66 a	37.87 a
		C_{16}	22.69 ab	40.36 b	29.91 b
		C_{24}	23.58 a	20.44 c	23.43 c

表32 生物炭和氮肥的不同配比对通辽试验点土壤微生物量氮（SMBN）的影响

地点	土层/cm	处理	微生物量氮/（mg/kg）		
			N_0	N_{150}	N_{300}
通辽	0~10	C_0	14.44 c	37.59 c	27.32 c
		C_8	39.82 a	52.32 a	66.00 a
		C_{16}	32.25 b	50.05 a	42.10 b
		C_{24}	31.32 b	43.46 b	40.42 b
	10~20	C_0	27.54 b	39.95 c	22.55 c
		C_8	35.48 a	59.63 a	36.19 a
		C_{16}	36.09 a	57.71 ab	38.95a
		C_{24}	28.90 b	54.12 b	29.11b
	20~40	C_0	11.04 d	18.32 c	17.02 d
		C_8	18.51 c	36.08 a	33.45 b
		C_{16}	28.44 a	34.56 a	37.04a
		C_{24}	26.48 b	27.68 b	20.69c

表33 生物炭和氮肥的不同配比对包头试验点微生物熵（SMQ）的影响

地点	土层/cm	处理	微生物熵		
			N_0	N_{150}	N_{300}
包头	0~10	C_0	8.52 b	9.74 b	9.24 b
		C_8	8.72 a	11.84 a	10.44 a
		C_{16}	7.66 c	9.04 c	8.28 c
		C_{24}	7.07 d	7.07 d	7.69 d
	10~20	C_0	10.37 c	12.04 b	6.82 d
		C_8	14.49 a	14.99 a	13.50 b
		C_{16}	12.80 b	12.10 b	14.23 a
		C_{24}	10.23 c	11.46 c	12.07 c
	20~40	C_0	11.15 a	10.53 b	6.86 c
		C_8	9.75 b	15.19 a	6.80 c
		C_{16}	10.43 ab	9.09 c	9.13 a
		C_{24}	8.13 c	7.47 d	8.55 b

表 34　生物炭和氮肥的不同配比对通辽试验点土壤微生物熵（SMQ）的影响

地点	土层/cm	处理	微生物熵		
			N_0	N_{150}	N_{300}
通辽	0~10	C_0	5.59 d	8.46 c	8.02 c
		C_8	8.61 b	11.41 a	9.88 a
		C_{16}	9.90 a	9.43 b	9.02 b
		C_{24}	8.15 c	8.70 c	7.68 d
	10~20	C_0	8.57 b	10.03 c	9.43 b
		C_8	10.27 a	12.27 a	10.89 a
		C_{16}	7.06 c	11.10 b	8.31 c
		C_{24}	6.27 d	8.05 d	7.58 d
	20~40	C_0	5.44 c	6.54 c	7.29 a
		C_8	6.00 b	8.59 a	6.79 b
		C_{16}	7.10 a	7.71 b	6.94 ab
		C_{24}	4.85 d	6.51 c	6.16 c

0~10 cm 土层的 SMBN，从施生物炭水平看，包头仅 C_8 处理显著增加 16.46%~32.57%，通辽各生物炭水平较不施显著增加 15.62%~175.70%；从施氮水平看，包头和通辽施氮较不施氮显著增加 7.68%~99.36% 和 29.07%~160.27%。10~20 cm 土层，仅 C_8 在各施氮水平较 C_0 显著增加 42.59%~102.34% 和 28.84%~60.50%，不施生物炭或者高量施生物炭均不利于 SMBN 的增加；各施生物炭水平，N_{150} 和 N_{300} 较 N_0 显著增加 10.76%~95.98% 和 7.91%~87.28%。20~40 cm 土层，包头和通辽施生物炭 SMBN 显著增加 6.11%~126.60% 和 21.57%~157.62%；2 个试验点在 C_0、C_8 和 C_{16} 处理，施氮显著增加 31.78%~94.43% 和 21.52%~95.00%，而 C_{24} 处理施氮小于不施氮处理，说明氮肥配施高量生物炭会降低 SMBN。

包头 10~20 cm 土层 SMBC 显著大于 20~40 cm 土层，通辽 0~10 cm 和 10~20 cm 土层显著大于 20~40 cm 土层；2 个试验点 0~10 cm 和 10~20 cm 土层 SMBN 显著大于 20~40 cm 土层。表层土壤较更深层的土壤微生物数量更多，这也有利于作物根系最活跃部分吸收土壤养分。

SMQ 是 SMBC 与 SOC 的比值，用来表征土壤碳库的活性特征。0~10 cm 土层，从施生物炭水平看，包头仅 C_8 处理 SMQ 显著增加了 12.98%~21.60%，通辽 C_8 和 C_{16} 均显著增加了 12.49%~77.17%；从施氮水平看，包头和通辽施氮处理的 SMQ 显著增加 3.51%~41.91% 和 6.75%~51.39%，

N_{150} > N_{300} > N_0，过量施氮降低 SMQ。10~20 cm 土层，包头 C_8 和 C_{16} 处理显著增加 23.40%~108.57%，通辽仅 C_8 显著增加 15.52%~22.36%；仅通辽各施氮处理较不施氮处理显著增加 6.09%~57.33%。0~20 cm 土层的变化规律说明，适量生物炭配施氮肥能够显著促进 SMQ，过量施生物炭或氮均会降低 SMQ。20~40 cm 土层，SMQ 随生物炭和氮肥变化规律不一致。

由表 35 可知，生物炭和氮用量对 0~10 cm、10~20 cm 和 20~40 cm 土层的 SMBC、SMBN 和 SMQ 均有极显著影响（$P<0.01$），且二者间交互影响极显著。

表35　土壤微生物量对不同生物炭和氮肥配比响应的方差分析

处理	微生物量碳 SMBC/（mg/kg）			微生物量氮 SMBN/（mg/kg）			微生物熵 SMQ		
	0~10 cm	10~20 cm	20~40 cm	0~10 cm	10~20 cm	20~40 cm	0~10 cm	10~20 cm	20~40 cm
C	**	**	**	**	**	**	**	**	**
N	**	**	**	**	**	**	**	**	**
C×N	**	**	**	**	**	**	**	**	**

注：** 表示差异达极显著水平（$P<0.01$）。

从图 28~图 30 可以看出，2 个试验点微生物量的总体变化规律基本一致，对 2 个试验点取均值更能看出微生物量对于生物炭和氮响应的变化规律。从生物炭水平看，3 个土层 SMBC、SMBN 和 SMQ 随着生物炭量的增加，呈单峰曲线变化（a<0），C_8 和 C_{16} 处理可显著增加微生物量和微生物熵，而 C_{24} 处理有减小趋势；从施氮水平看，3 个土层 N_{150} 处理的 SMBC、SMBN 和 SMQ 均大于 N_0 和 N_{300}，且在 C_8 和 C_{16} 处理的增加最明显。过量施生物炭或氮均使土壤微生物量和微生物熵有下降趋势，适量的生物炭和氮肥配施能够有效促进土壤微生物数量的增加。

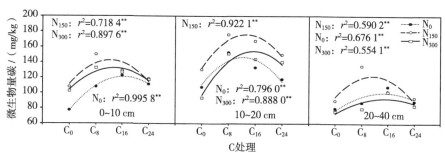

图28　生物炭和氮肥的不同配比对土壤微生物量碳（SMBC）的影响

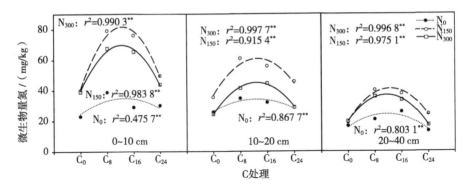

图 29　生物炭和氮肥的不同配比对土壤微生物量氮（SMBN）的影响

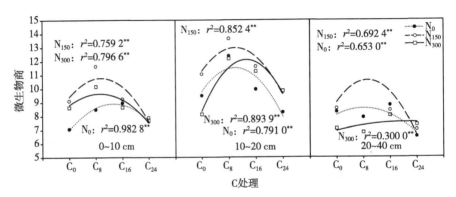

图 30　生物炭和氮肥的不同配比对土壤微生物熵（SMQ）的影响

第三节　不同生物炭与氮肥配比对土壤酶活性的影响

一、对土壤蔗糖酶、脲酶及过氧化氢酶活性的影响

从表 36~表 41 可知，0~10 cm、10~20 cm 和 20~40 cm 土层，施用生物炭促进了 2 个试点蔗糖酶（SU）活性，2 个土层分别显著增加了 11.13%~73.14%、7.69%~32.52% 和 8.92%~83.29%（$P<0.05$）；包头施氮处理较不施氮显著增加 15.58%~47.17%、17.93%~48.24% 和 5.30%~13.22%，通辽生物炭配施高量氮（N_{300}）后，0~20 cm 土层 SU 活性有下降

趋势。

2个试验点的脲酶（UR）活性均受施生物炭水平影响显著，3个土层施生物炭较不施处理显著增加 7.26% ~ 118.78%、10.46% ~ 141.58% 和 12.31% ~ 128.85%；在 0 ~ 20 cm 土层，2个试验点在生物炭配施高量氮（N_{300}）后，UR 活性均有下降趋势，甚至小于 N_0 处理。2个试验点 0 ~ 20 cm（将 0 ~ 10 cm 和 10 ~ 20 cm 取均值）和 20 ~ 40 cm 土层，各生物炭和氮肥配施处理均以 C_8N_{150} 为最大值，包头较不施肥处理（C_0N_0）显著增加 188.14%、117.31%，通辽显著增加 80.44%、153.45%。适量生物炭配施氮肥较不施肥或单独施加生物炭、氮肥更能促进 UR 活性。

2个试验点 0 ~ 10 cm 土层过氧化氢酶（CAT）活性在施加生物炭（C_8、C_{16}、C_{24}）时，施加氮肥（N_{150} 和 N_{300}）较不施氮（N_0）显著增加 24.07% ~ 141.67%。10 ~ 20 cm 和 20 ~ 40 cm 土层 C_8 和 C_{16} 处理较 C_0 显著增加了 13.56% ~ 145.31% 和 9.33% ~ 95.05%，C_{24} 处理有下降趋势；各施生物炭水平，包头 N_{150} 和 N_{300} 处理均显著小于 N_0。过量施生物炭或氮均会降低 CAT 活性。

表36　生物炭和氮肥的不同配比对包头试验点土壤蔗糖酶（SU）活性的影响

地点	土层/cm	处理	蔗糖酶/[mg/(g·d)]		
			N_0	N_{150}	N_{300}
包头	0 ~ 10	C_0	23.06 c	30.38 c	31.45 b
		C_8	26.90 b	39.59 a	38.21 a
		C_{16}	28.11 ab	40.63 a	38.21 a
		C_{24}	30.30 a	35.02 b	37.93 a
	10 ~ 20	C_0	21.00 c	31.13 b	29.46 c
		C_8	25.24 b	36.18 a	35.14 a
		C_{16}	26.84 ab	37.36 a	35.33 a
		C_{24}	27.83 a	37.48 a	32.82 b
	20 ~ 40	C_0	9.93 b	10.59 b	10.76 c
		C_8	11.42 ab	12.93 a	12.87 a
		C_{16}	11.83 a	12.51 a	11.85 b
		C_{24}	11.13 ab	12.18 a	11.72 c

注：不同字母表示同一土层同一施氮量下不同生物炭处理间差异达 0.05 显著水平，下同。

表 37　生物炭和氮肥的不同配比对通辽试验点土壤蔗糖酶（SU）活性的影响

地点	土层/cm	处理	蔗糖酶/[mg/(g·d)]		
			N_0	N_{150}	N_{300}
通辽	0~10	C_0	29.55 c	38.43 b	24.46 c
		C_8	32.84 b	51.73 a	37.69 b
		C_{16}	34.97 b	50.14 a	42.35 a
		C_{24}	41.16 a	39.21 b	36.65 b
	10~20	C_0	26.74 c	29.44 d	28.88 b
		C_8	31.00 b	38.94 a	31.10 a
		C_{16}	34.70 a	35.28 b	32.13 a
		C_{24}	31.44 b	32.23 c	27.56 b
	20~40	C_0	12.27 c	17.92 c	21.17 b
		C_8	21.64 ab	32.49 a	26.00 a
		C_{16}	20.99 b	23.40 b	25.90 a
		C_{24}	22.49 a	22.96 b	25.54 a

表 38　生物炭和氮肥的不同配比对包头试验点土壤脲酶（UR）活性的影响

地点	土层/cm	处理	脲酶/[mg/(g·d)]		
			N_0	N_{150}	N_{300}
包头	0~10	C_0	1.21 c	2.47 c	1.81 c
		C_8	2.35 a	4.61 a	3.96 a
		C_{16}	2.38 a	4.18 b	3.09 b
		C_{24}	1.90 b	2.49 c	1.46 d
	10~20	C_0	1.15 c	1.01 c	1.06 b
		C_8	1.63 a	2.19 b	1.18 a
		C_{16}	1.50 b	2.44 a	1.20 a
		C_{24}	1.43 b	2.35 a	1.16 a
	20~40	C_0	0.52 c	0.65 c	0.74 b
		C_8	0.91 b	1.13 a	1.01 a
		C_{16}	0.92 b	1.12 a	1.04 a
		C_{24}	1.19 a	0.73 b	1.03 a

表 39　生物炭和氮肥的不同配比对通辽试验点土壤脲酶（UR）活性的影响

地点	土层/cm	处理	脲酶/[mg/(g · d)]		
			N_0	N_{150}	N_{300}
通辽	0~10	C_0	1.24 c	1.34 c	1.29 b
		C_8	1.33 c	2.40 a	1.54 a
		C_{16}	1.88 a	2.41 a	1.33 b
		C_{24}	1.68 b	1.59 b	1.50 a
	10~20	C_0	1.47 a	1.53 c	1.04 b
		C_8	1.49 a	2.49 a	1.67 a
		C_{16}	1.29 b	1.69 b	1.50 a
		C_{24}	1.22 b	1.57 bc	1.47 a
	20~40	C_0	0.58 c	0.66 d	0.56 b
		C_8	0.71 b	1.47 a	1.05 a
		C_{16}	0.75 b	1.06 b	1.07 a
		C_{24}	0.91 a	0.71 c	1.06 a

表 40　生物炭和氮肥的不同配比对包头试验点土壤过氧化氢酶（CAT）活性的影响

地点	土层/cm	处理	过氧化氢酶/[mg/(g · d)]		
			N_0	N_{150}	N_{300}
包头	0~10	C_0	1.12 a	1.09 d	1.67 b
		C_8	1.04 b	1.73 b	1.29 c
		C_{16}	1.08 ab	2.61 a	2.07 a
		C_{24}	1.02 b	1.45 c	1.62 b
	10~20	C_0	1.27 b	1.18 b	0.64 c
		C_8	1.99 a	1.97 a	1.57 a
		C_{16}	1.83 a	1.34 c	1.26 b
		C_{24}	1.31 b	1.16 d	1.57 a
	20~40	C_0	1.39 b	1.01 d	1.38 b
		C_8	2.11 a	1.31 c	2.05 a
		C_{16}	2.06 a	1.97 a	1.29 c
		C_{24}	2.02 a	1.46 b	1.00 d

表 41　生物炭和氮肥的不同配比对通辽试验点土壤过氧化氢酶（CAT）活性的影响

地点	土层/cm	处理	过氧化氢酶/[mg/(g·d)]		
			N_0	N_{150}	N_{300}
通辽	0~10	C_0	1.32 b	1.15 d	1.23 c
		C_8	1.30 b	2.93 b	2.01 a
		C_{16}	1.54 a	3.64 a	2.01 ab
		C_{24}	1.23 b	1.95 c	1.92 b
	10~20	C_0	1.00 c	1.58 b	1.02 b
		C_8	1.90 a	2.41 a	1.78 a
		C_{16}	1.66 b	1.26 c	1.70 a
		C_{24}	1.57 b	0.75 d	1.68 a
	20~40	C_0	1.39 c	1.93 a	1.50 c
		C_8	2.02 a	2.11 a	1.81 b
		C_{16}	2.64 a	2.00 ab	2.25 a
		C_{24}	0.80 d	1.54 c	1.91 b

对 2 个试验点 SU、UR 和 CAT 取均值进行两因素方差分析（表42），生物炭和氮用量对 0~10 cm、10~20 cm 和 20~40 cm 土层的 SU、UR 和 CAT 均有极显著影响（$P<0.01$），且二者交互影响极显著。

表 42　土壤酶活性对不同生物炭和氮肥配比响应的方差分析

处理	蔗糖酶/[mg/(g·d)]			脲酶/[mg/(g·d)]			过氧化氢酶/[mg/(g·d)]		
	0~10 cm	10~20 cm	20~40 cm	0~10 cm	10~20 cm	20~40 cm	0~10 cm	10~20 cm	20~40 cm
C	**	**	**	**	**	**	**	**	**
N	**	**	**	**	**	**	**	**	**
C×N	**	**	**	**	**	**	**	**	**

注：** 表示差异达极显著水平（$P<0.01$）。

由图 31~图 33 可以看出，对 2 个试验点取均值，各土层酶活性均随施生物炭量的增加呈先增后减的趋势（a<0）。0~20 cm 土层 SU 活性受施氮量影响显著，表现为 $N_{150}>N_{300}>N_0$，而 N_{150} 的 UR 活性显著大于 N_0 和 N_{300}，过量施氮（N_{300}）有降低 SU 和 UR 活性的趋势；0~10 cm 土层，CAT 活性受施氮量影响显著，表现为 $N_{150}>N_{300}>N_0$，而 10~40 cm 土层施氮有降低 CAT 活性的趋势。相同处理组合 0~20 cm 土层的 SU 和 UR 活性均大于 20~40 cm 土层，且施加肥料后的增幅也较深层土壤更明显，这是由于这两种酶均是参与土壤碳氮循环的关键酶，在施生物炭土层的变化更显著。

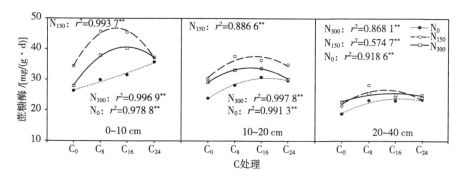

图 31　生物炭和氮肥的不同配比对土壤蔗糖酶（SU）的影响

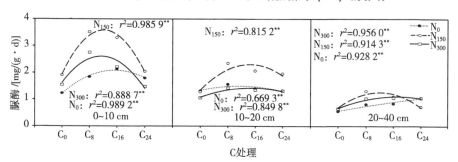

图 32　生物炭和氮肥的不同配比对土壤脲酶（UR）的影响

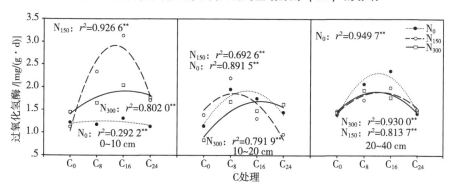

图 33　生物炭和氮肥的不同配比对土壤过氧化氢酶（CAT）的影响

二、对土壤总体酶活参数的影响

土壤总体酶活参数（Et）用来表征供试土样中土壤总体酶活性的大小，通过将实测值转化为相对值，综合评价了不同量纲酶活性的总体变化规律。

由表43可知，生物炭和氮用量极显著影响各层土壤 Et（$P<0.01$），且二者交互作用极显著。由图34可知，2个试点0~10 cm、10~20 cm 和20~40 cm 土层 Et 在同一施氮水平，随生物炭量的增加呈先增后减趋势，施生物炭较不施处理显著增加5.80%~94.30%、2.69%~59.91%和6.11%~64.33%。0~10 cm 和10~20 cm 土层，包头在各生物炭水平下，N_{150} 较 N_0 显著增加28.28%~84.53%和19.36%~29.27%；通辽仅在 C_8 水平，N_{150} 较 N_0 显著增加85.46%和38.68%；20~40 cm 土层随二者变化不一致。高量施生物炭或氮均会降低 Et，适量生物炭和氮肥配施是提高 Et 的有效途径。

表43　土壤总体酶活性（Et）对不同生物炭和氮肥配比响应的方差分析

处理	总体酶活性		
	0~10 cm	10~20 cm	20~40 cm
C	**	**	**
N	**	**	**
C×N	**	**	**

注：** 表示差异达极显著水平（$P<0.01$）。

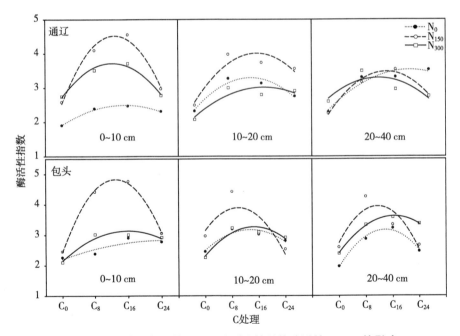

图34　生物炭和氮肥的不同配比对土壤总体酶活性（Et）的影响

第四节　不同生物炭与氮肥配比下土壤生物化学性质的相关分析

一、土壤生物化学指标的相关性

由表 44 可知，SOC 与 TN、C/N、SMBC、SMBN、SU、UR 极显著正相关（$P<0.01$）；C/N 与 SMBC、SMBN、SU、UR 极显著正相关；SMBC 与SMBN、SMQ、SU、UR、Et 极显著正相关；SMBN 与 SMQ、SU、UR、CAT、Et 极显著正相关；SMQ 与 SU、UR、Et 极显著正相关；SU 与 UR 极显著正相关，与 Et 显著正相关（$P<0.05$）；UR 与 Et 极显著正相关，与 CAT 显著正相关；CAT 与 Et 极显著正相关。

表 44　土壤生物化学性质的相关分析

项目	SOC	TN	C/N	SMBC	SMBN	SMQ	SU	UR	CAT	Et
SOC	1									
TN	0.700**	1								
C/N	0.763**	0.074	1							
SMBC	0.498**	0.237	0.478**	1						
SMBN	0.466**	0.141	0.515**	0.701**	1					
SMQ	0.038	−0.124	0.161	0.883**	0.547**	1				
SU	0.631**	0.245	0.655**	0.702**	0.827**	0.472**	1			
UR	0.494**	0.102	0.592**	0.621**	0.891**	0.443**	0.886**	1		
CAT	0.089	0.040	0.087	0.231	0.479**	0.219	0.193	0.369*	1	
Et	0.311	0.160	0.287	0.565**	0.730**	0.475**	0.417*	0.598**	0.820**	1

注：** 表示差异达极显著水平（$P<0.01$），* 表示差异达显著水平（$P<0.05$）。

二、土壤微生物量与碳氮比的关系

由图 35 可知，土壤 SMBC 和 SMBN 均与 C/N 呈显著线性正相关，随着C/N 的增加 SMBC 和 SMBN 先增加，到达一定范围后出现下降趋势。说明土壤碳氮储量的改变使 C/N 发生变化，进而影响了土壤微生物量。

单独施生物炭、氮以及二者配施均可显著提高各层土壤微生物量，各处

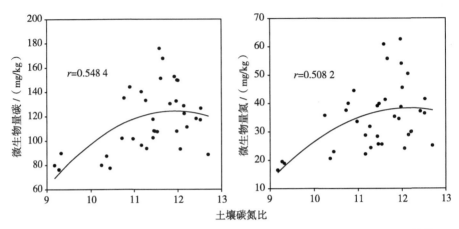

图 35　微生物量碳（SMBC）、微生物量氮（SMBN）与土壤碳氮比（C/N）的关系

理均以生物炭和氮肥配施增幅最大，而 $N_{150}C_8$ 和 $N_{300}C_8$ 间差异不显著。生物炭和氮肥均可显著增加 3 个土层的酶活性，生物炭和氮肥配施处理增幅均大于单独施肥处理，$N_{150}C_8$ 处理的蔗糖酶活性显著大于 $N_{300}C_8$，而 $N_{150}C_8$ 和 $N_{300}C_8$ 处理对脲酶、过氧化氢酶以及总体酶活性影响差异不显著。生物炭和氮肥配施显著增加了各层土壤生物学性质，但 $N_{150}C_8$ 和 $N_{300}C_8$ 处理间差异不显著。

生物炭和氮肥对 2 个试验点 0~10 cm、10~20 cm 和 20~40 cm 土层微生物量及酶活性均有极显著影响（$P<0.01$），且二者交互作用极显著。生物炭配施氮肥可显著增加土壤微生物量、微生物熵、某种酶活性以及土壤总体酶活性（$P<0.05$）。随生物炭、氮施入量的增加，3 个土层的微生物量碳、微生物量氮、蔗糖酶活性、脲酶活性以及总体酶活参数呈先增后减的趋势，C_8、C_{16} 和 N_{150} 配施均维持了较高的微生物量、微生物熵及酶活性，而过量施生物炭（C_{24}）或氮（N_{300}）使土壤生物学性质有下降趋势。0~10 cm 和 10~20 cm 施生物炭土层的微生物量碳、微生物量氮以及蔗糖酶、脲酶活性均显著高于 20~40 cm 土层，表层土壤的生物活性更大。

本研究中，单独施加生物炭可显著提高微生物量碳（SMBC）和微生物量氮（SMBN），这是由于生物炭较大的比表面积和极强的吸附力能够保存更多可供微生物利用的能量物质；并且，生物炭的多孔结构为微生物提供了物理保护，使它们免受干旱、相互间竞争的影响。根据本试验结果，生物炭能够增加土壤微生物数量，且生物炭和氮肥配施处理较单独施生物炭效果更显著，这是因为生物炭单一过量时打破了微生物碳氮平衡，而配施氮肥使补充的氮源重新满足了微生物活动所需的碳氮比例，碳氮源数量的同比增多最终显著提高了微生物数量。但生物炭配施 N_{150} 和 N_{300} 之间无显著差异，说明过量施氮不能进一步提高微生物量，只有符合微生物活动的 C/N 才能有效增加微生物数量。另外，施用 16 t/hm^2 和 24 t/hm^2 生物炭降低 0~20 cm 土层微生物熵（SMQ）是因为生物炭可以直接提高 SOC，而 SMBC 是 SOC 中可以被微生物利用的少数活性有机碳，当 SMBC 增幅小于 SOC 增幅时，它们的比值 SMQ 开始下降。而 0~20 cm 土层 $N_{150}C_8$ 和 $N_{300}C_8$ 处理的 SMBC 虽然无显著差异，但生物炭配施 N_{150} 的 SMQ 显著大于 N_{300}，N_{150} 处理的土壤微生物熵更高，即土壤微生物的活性和质量更高。

本研究结果表明，生物炭和氮肥均可显著增加 2 个试验点土壤酶活性以及总体酶活指数（Et），且生物炭和氮肥配施后增幅更大。施加生物炭和氮肥均可显著提高土壤 SU、UR 活性以及 Et，生物炭提高酶活性主要由于其显著增加了土壤活性有机碳含量，碳源的增加加快了微生物的繁殖，加速了有机质分解，进而为土壤酶提供了更多底物；而氮肥使 UR 水解的氮源增加，进一步提高了 UR 活性。生物炭和氮肥配施较单独施生物炭或氮对土壤酶活性的提升更明显，这是由于碳氮源的增加促进了微生物数量和活性，且合理的配施使土壤碳氮比满足了微生物生长和繁殖的需求，从而提高了作为微生物产物的土壤酶活性。本研究中 SU 和 UR 活性随着土层的加深逐渐减少是因为本试验生物炭主要存在于 0~20 cm 土层，且一般不发生垂直方向的移动，而 20~40 cm 土层土壤养分较少，水分和较大的容重也不利于微生物的生长，最终导致土壤酶活性下降。而生物炭和氮肥配施仅提高了 0~10 cm 土层 CAT 活性，是由于表层土壤是微生物最活跃的地方，CAT 是表征生物活性的关键酶，微生物活动增加影响了 CAT 活性。

近年来的研究主要集中在单独施生物炭对土壤微生物及酶活性的影响，而生物炭和氮肥配施的研究鲜有报道，本试验中，生物炭在配施氮肥后，SMBC、SMBN、SMQ、SU、UR 以及 Et 均大于单独施生物炭处理，这说明过量施生物炭而氮源不足打破了微生物的碳氮平衡，当配施氮肥补充了土壤氮素，重新达到平衡，微生物数量能够继续增加，土壤酶活性也随之增加。通过土壤碳氮比与微生物量和酶活性的相关分析发现，土壤生物学性质之间多呈显著或极显著正相关关系。由于生物炭配施氮肥直接提高了 SOC 和 TN 含量，进而影响了土壤 C/N，生物炭过量时 C/N 过大，SMBC 和 SMBN 有所下降，这是由于碳源过量打破了微生物碳氮平衡。根据本试验结果，在配施

150 kg/hm^2 氮肥后,SMBC 和 SMBN 均显著大于单独施生物炭,说明补充的氮源重新满足了微生物活动所需的碳氮比例,同时碳氮源数量的增多显著提高了微生物数量。这说明生物炭配施氮肥通过直接影响土壤 C/N,从而间接增加了土壤微生物量及酶活性。随着土壤碳氮比的增加,土壤微生物量呈先增后减的趋势,在碳氮比为 12 左右达到峰值。

第五章 生物炭与氮肥提升
春玉米氮效率

不同原材料制备的生物炭对作物的影响不同,但生物炭促进作物生长、提高作物产量的作用已被广泛接受[131]。Jeffery 等[132]通过系统整理分析 23 篇关于生物炭与作物生产力的相关性文献表明,生物炭可改良土壤性状,增加土壤养分,进而使作物增产约 10%。Liu 等[133]研究表明,不同材料制备的生物炭对产量的影响不同,木材污泥制备的生物炭增产效果最明显,其次是堆肥炭,而生活垃圾制备的生物炭对产量有抑制作用。Liang 等[134]研究得出施加生物炭可显著提高小麦和玉米的产量,施加 $30 \sim 90$ t/hm² 稻壳和椰子壳混合制备的生物炭可增产 $4.0\% \sim 7.2\%$。Glaser 等[135]通过田间试验表明,施加生物炭可使豇豆生物量增加 1 倍。Chan 等[136]研究发现,农业废弃物生物炭施加在酸性淋溶土上,可显著增加萝卜的干重。也有研究表明,生物炭可显著提高小麦地上部生物量。同一种原料和制备条件的生物炭,因施用量不同对作物产量的影响也不尽相同,适量施用生物炭可显著增加作物生物量和产量,而施用量过高时会出现抑制作用。张娜等[137]研究表明,施用 1 t/hm² 生物炭可显著提高夏玉米产量,但施用 5 t/hm² 和 10 t/hm² 生物炭对玉米产量影响差异不显著。Uzoma 等[69]在沙质土壤上添加生物炭,结果表明施用 15 t/hm² 和 20 t/hm² 分别使玉米增产 150% 和 98%。大多数研究表明,生物炭对作物生物量和产量均表现为正向效应,但也有一些报道指出存在负面效应。黄超等[122]通过盆栽试验认为,在施用 30 t/hm² 和 60 t/hm² 生物炭时,黑麦草产量提高 20% 和 52%,而当施用量增加到 100 t/hm² 和 200 t/hm² 时,产量反而降低了 8% 和 30%。张晗芝等[138]研究表明,0、2.4 t/hm² 和 12 t/hm² 生物炭用量对玉米干物质的影响差异不显著,但 48 t/hm² 生物炭处理的玉米植株干物质有所减少。生物炭对作物的影响还随施用时间的延长呈现一定的累加效应。Dong 等[139]研究了连续 2 年施加 2 种生物炭(水稻秸秆炭和竹炭)对水稻产量的影响,结果表明,秸秆生物炭可促进水稻增产,连续 2 年增产 13.5% 和 6.1%,而竹炭对水稻产量无显著影响。Rajkovich[140]研究发现，动物粪便生物炭使玉米生物量和玉米秸秆炭分别增加 43% 和 30%，而食物残渣炭减少 92%，与对照差异都达到显著水平（$P<0.05$）。薛超群等[141]研究表明，施加生物炭量为 600 kg/hm^2 时，促进作物产量，而增加到 900 t/hm^2 时作物生物量和产量会降低。

氮肥偏生产力和氮肥农学利用效率是评价农田氮肥利用情况的主要指标。近代研究表明，生物炭可通过促进土壤氮素的固定和减少氮素损失来增加氮肥利用效率。赵军[89]的研究结果表明，相同氮条件下，3 种生物炭基肥均可显著提高氮肥偏生产力、氮肥农学利用率、氮素生理利用率和氮肥表观利用率。曲晶晶等[142]研究发现，添加 20 t/hm^2 生物炭可显著提高氮肥利用率和氮肥农学效率。张爱平等[143]研究表明，生物炭配施氮肥可显著提高水稻的氮肥效率，施加 9 t/hm^2 生物炭提高氮肥农学效率 10.87 kg/kg，氮肥利用率 22.09%。董玉兵等[144]研究认为，施用 3 年生物炭保持了较高的氮肥利用效率，与单独施氮处理相比，生物炭处理产量更高，小麦显著增产 18.8%~72.5%。Chan 等[145]通过盆栽试验发现生物炭可影响小萝卜的生长，并提高了氮肥利用率。生物炭与其他肥料制备的炭基复合肥可以延长氮素的供应，起到缓释肥的作用，为作物生长持续供应养分[146]。

众多研究表明，生物炭施入土壤后可改善土壤结构性、增加土壤养分、提高微生物活性，进而达到提升作物产量和土壤可持续利用的目的。生物炭对作物产量和氮肥利用效率的影响受生物炭的原材料、施用量和施用时间以及土壤理化性质的共同作用，其促进作物增产增效的机制还需要经过进一步长期深入的研究。

第一节　生物炭配施氮肥对春玉米产量和氮效率的影响

一、对干物质和氮素积累与转运的影响

由表 45、表 46 可知，生物炭和氮均显著增加春玉米吐丝期和成熟期营养器官及籽粒干物质，各处理均以生物炭和氮肥配施处理 $N_{150}C_8$ 和 $N_{300}C_8$ 为最大值，二者差异不显著，籽粒干物质较 N_0C_0 显著增加 33.82% 和 35.84%（$P<0.05$）。花后干物质积累量和占成熟期干物质比例变化规律相似，各施肥处理均显著增加了花后干物质积累，以生物炭和氮肥配施处理增幅最大，$N_{150}C_8$ 和 $N_{300}C_8$ 较 N_0C_0 显著增加 37.46%、39.87% 和 4.53%、

5.13%。生物炭和氮单独施入以及配施均可显著增加花后干物质积累对籽粒产量的贡献率，但各施肥处理间均差异不显著。

施加生物炭和氮以及二者配施较 N_0C_0 显著增加了花后干物质转运量 9.14%~18.30%。而 $N_{300}C_0$、$N_{150}C_8$ 和 $N_{300}C_8$ 显著降低了转运率 5.97%、11.94% 和 12.84%，各配施处理显著降低转运对籽粒的贡献率 4.48%~18.03%。这说明，生物炭和氮肥配施的较高籽粒干物质是花后干物质积累的结果。

表 45 生物炭和氮肥配施对春玉米开花期和成熟期干物质积累的影响

处理	吐丝期干物质/（g/株）	成熟期干物质/（g/株）		
	植株	植株	籽粒	总和
N_0C_0	140.37 d	122.41 d	127.10 d	249.51 d
N_0C_8	151.73 c	132.13 c	145.23 c	277.36 c
$N_{150}C_0$	164.31 b	143.07 b	158.03 b	301.10 b
$N_{150}C_8$	178.09 a	158.03 a	170.09 a	328.12 a
$N_{300}C_0$	168.37 b	148.12 b	160.17 b	308.30 b
$N_{300}C_8$	179.31 a	159.32 a	172.65 a	331.97 a

注：表中不同字母代表各处理间差异达显著水平（$P<0.05$），下同。

表 46 生物炭和氮肥配施对春玉米花后干物质积累和转运的影响

处理	花后干物质积累			花后干物质转运		
	积累量/（g/株）	占成熟期总干物质比例/%	对籽粒产量的贡献/%	转运量/（g/株）	转运率/%	对籽粒产量的贡献/%
N_0C_0	109.15 d	43.74 c	85.87 b	17.95 c	12.79 a	14.13 a
N_0C_8	125.63 c	45.30 b	86.51 a	19.59 b	12.91 a	13.49 b
$N_{150}C_0$	136.79 b	45.43 b	86.56 a	21.24 a	12.93 a	13.44 b
$N_{150}C_8$	150.03 a	45.72 a	88.21 a	20.06 b	11.26 c	11.79 d
$N_{300}C_0$	139.92 b	45.39 b	87.36 a	20.25 b	12.03 b	12.64 c
$N_{300}C_8$	152.66 a	45.99 a	88.42 a	19.99 b	11.15 c	11.58 d

由表 47、表 48 可知，生物炭和氮肥配施显著增加了花前和花后的氮素含量，吐丝期和成熟期营养器官和籽粒氮素含量均以 $N_{300}C_8$ 和 $N_{150}C_8$ 为最大值，较对照 N_0C_0 显著增加 51.67% 和 52.27%（$P<0.05$）。$N_{150}C_8$ 和 $N_{300}C_8$ 均具有较高的花后氮素吸收量、占成熟期总氮比例和对籽粒氮的贡献率，分别较对照显著增加 82.02% 和 76.40%、32.75% 和 20.26%、20.01%

和 15.85%，$N_{150}C_8$ 显著大于 $N_{300}C_8$。生物炭和氮肥配施较对照显著降低了氮素转运对籽粒的贡献，说明配施对籽粒氮的增加主要源于花后氮素的吸收作用。

表 47　生物炭和氮肥互作对春玉米吐丝期和成熟期氮含量的影响

处理	吐丝期氮含量/（g/株）	成熟期氮含量/（g/株）		
	植株	植株	籽粒	总和
N_0C_0	2.15 e	0.87 e	1.63 d	2.51 e
N_0C_8	2.32 d	0.90 de	1.89 c	2.79 d
$N_{150}C_0$	2.67 c	0.93 cd	2.34 b	3.27 c
$N_{150}C_8$	2.78 b	0.96 c	2.48 a	3.44 b
$N_{300}C_0$	2.83 b	1.07 b	2.32 b	3.39 b
$N_{300}C_8$	3.04 a	1.19 a	2.49 a	3.68 a

表 48　生物炭和氮肥互作对春玉米花后氮素吸收和转运的影响

处理	花后的氮素吸收			花后的氮素转运		
	吸收量（g/株）	占成熟期总氮比例/%	对籽粒氮的贡献/%	转运量（g/株）	转运率/%	对籽粒氮的贡献/%
N_0C_0	0.36 e	14.39 d	22.09 d	1.27 e	59.26 d	77.91 a
N_0C_8	0.46 d	16.61 c	24.56 c	1.42 d	61.18 c	75.44 b
$N_{150}C_0$	0.60 b	18.33 b	25.59 b	1.74 c	65.28 a	74.41 bc
$N_{150}C_8$	0.66 a	19.10 a	26.51 a	1.82 ab	65.43 a	73.49 c
$N_{300}C_0$	0.56 c	16.65 c	24.32 c	1.76 bc	62.19 b	75.68 b
$N_{300}C_8$	0.64 a	17.30 c	25.59 b	1.85 a	60.82 c	74.41 bc

二、对春玉米产量及氮效率的影响

由图 36 可以看出，生物炭和氮均可显著增加春玉米产量（$P<0.05$），单独施氮处理 $N_{150}C_0$ 和 $N_{300}C_0$ 较 N_0C_0 显著增加 10.35% 和 10.96%，单独施生物炭处理 N_0C_8 显著增加 7.96%。各处理以生物炭和氮肥配施处理 $N_{150}C_8$ 和 $N_{300}C_8$ 为最大值，较 N_0C_0 显著增加 20.98% 和 19.89%，二者之间差异不显著，过量施氮并没有进一步提高产量。

相同氮水平下，施生物炭可显著增加氮肥偏生产力（NPFP）和氮肥农学效率（NAE），相比 C_0 水平，C_8 处理的 NPFP 和 NAE 显著增加 8.04% ~ 9.63% 和 8.81% ~ 25.74%。而 N_{150} 水平的 NPFP、NAE 和氮肥吸收利用效率（NRE）较 N_{300} 显著增加 98.90% ~ 101.81%、88.82% ~ 118.21% 和 46.08% ~

71.50%，过量施氮导致氮效率下降。NPFP 和 NAE 均以 $N_{150}C_8$ 处理为最大值，分别为 99.93 kg/kg 和 10.75 kg/kg。

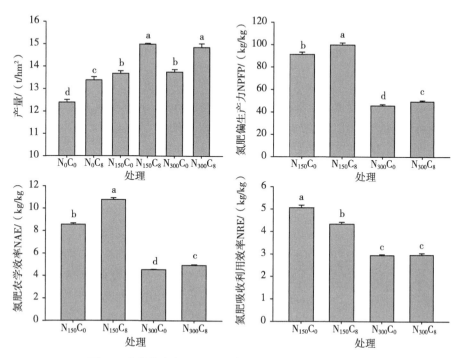

图 36　生物炭和氮肥配施对春玉米产量和氮效率的影响

图中不同字母代表各处理间差异达显著水平（$P<0.05$）。

三、产量与土壤理化性质的相关性

由表 49 可知，产量与各层土壤含水量、碱解氮（AN）、微生物量碳（SMBC）、微生物量氮（SMBN）和总体酶活性（Et）以及 10~40 cm 可溶性有机碳（DOC）呈显著（$P<0.05$）或极显著（$P<0.01$）正相关。较高的水分含量、有效性碳氮、生物活性和酶活性促进了春玉米产量，而产量不随土壤容重和碳氮比（C/N）的增加而持续增加，过大的土壤容重和 C/N 均不利于产量。

表 49　产量与各层土壤理化性质的相关分析

土层/cm	容重	含水量	C/N	DOC	AN	SMBC	SMBN	Et
0~10	−0.552	0.828*	0.333	0.715	0.951**	0.992**	0.935**	0.979**

（续表）

土层/cm	容重	含水量	C/N	DOC	AN	SMBC	SMBN	Et
10~20	-0.540	0.853*	0.416	0.831*	0.902*	0.997**	0.966**	0.981**
20~40	-0.263	0.961**	-0.538	0.946**	0.871*	0.917**	0.922**	0.969**

注：** 表示差异达极显著水平（$P<0.01$），* 表示差异达显著水平（$P<0.05$）。

　　生物炭和氮肥均可显著增加吐丝期和成熟期春玉米干物质积累，以生物炭和氮肥配施处理 $N_{150}C_8$ 和 $N_{300}C_8$ 为最大值；生物炭和氮肥配施同时增加了花后干物质积累以及花后干物质积累占成熟期总干物质的比例和对籽粒的贡献率，降低了花前营养器官对籽粒的转运率和贡献率，说明生物炭和氮肥配施提高籽粒干物质主要通过增加春玉米花后干物质实现。生物炭和氮肥配施显著增加了营养器官和籽粒氮含量，且均以 $N_{300}C_8$ 配施处理为最大值；而花后氮素的吸收和对籽粒贡献均以 $N_{150}C_8$ 为最大值，说明二者适量配施可显著增加花后氮素吸收和转运，但降低转运对籽粒的贡献。生物炭和氮肥配施可通过提高花后干物质和氮积累来实现籽粒产量和氮浓度的协同提高。

　　生物炭和氮肥均可显著增加春玉米产量，且均以配施处理 $N_{150}C_8$ 和 $N_{300}C_8$ 为最大值，二者之间差异不显著，而 N_{150} 的氮效率显著大于 N_{300}，过量施氮虽然增加了产量，但氮效率下降，生产上综合考虑产量和效益最大化，应采用适量生物炭和氮肥配施的方式。通过产量与土壤理化性质的相关分析可知，生物炭和氮肥配施可通过调控土壤结构性，增加土壤持水性、有效态碳氮含量以及微生物活性来促进玉米生长，并最终达到增产增效的目的。

第二节　不同生物炭与氮肥配比对干物质积累与转运的影响

　　由表50~表52可知，生物炭和氮对春玉米吐丝期和成熟期干物质影响极显著（$P<0.01$）。施加生物炭和氮肥均显著增加了吐丝期及成熟期植株和籽粒的干物质积累，但各施生物炭量间和各施氮量间差异均不显著，过量施生物炭和氮并没有进一步增加干物质，以适量生物炭（C_8 和 C_{16}）配施氮（N_{150}）效率更佳。

　　生物炭对花后干物质积累影响极显著，氮对干物质积累和对籽粒贡献影响极显著。施生物炭和氮肥均显著增加了花后干物质积累量和占成熟期总干物质比例（$P<0.05$），施生物炭显著增加了 9.70% ~ 16.85% 和 1.25% ~ 4.63%，施氮显著增加了 19.60% ~ 30.01% 和 1.64% ~ 7.26%，各施生物炭量和施氮量间差异不显著，过量施肥并没有进一步增加花后干物质积累，适量生物炭配施适量氮的效益最大。施加生物炭显著增加了花后干物质积累对籽粒的贡献率 1.59% ~ 2.85%，而施氮对其影响不显著。

生物炭对花后干物质转运有极显著影响，氮对转运率和转运对籽粒产量的贡献有极显著影响。生物炭对花后干物质转运量影响不显著，而显著降低了花后干物质转运率的 6.53% ~ 10.53% 和籽粒贡献率的 7.13% ~ 10.55%，说明生物炭虽然增加了全生育期营养器官干物质积累，但转运率下降；施氮显著增加了干物质转运量 25.52% ~ 28.88%，增加了转运率 3.71% ~ 12.02%，2 种施氮量间差异不显著。生物炭增加了整个生育期营养器官及成熟期籽粒的干物质，但降低了花后转运，增加了花后积累，说明施生物炭后籽粒干物质较高是花后积累的结果。

表 50　生物炭和氮肥的不同配比对春玉米吐丝期和成熟期干物质的影响

处理	吐丝期干物质/（g/株）	成熟期干物质/（g/株）		
	植株	植株	籽粒	总和
N_0C_0	143.37 b	120.41 b	125.84 b	246.26 c
N_0C_8	157.73 a	135.13 a	137.23 a	272.36 a
N_0C_{16}	156.49 a	133.51 a	139.35 a	272.86 ab
N_0C_{24}	154.77 a	132.02 a	142.97 ab	274.99 b
$N_{150}C_0$	167.31 b	138.07 b	160.30 c	298.37 c
$N_{150}C_8$	181.09 a	152.03 a	178.09 a	330.12 a
$N_{150}C_{16}$	182.79 a	153.62 a	175.72 ab	329.34 a
$N_{150}C_{24}$	179.51 a	150.19 a	173.10 b	323.29 b
$N_{300}C_0$	177.37 b	148.12 b	160.17 b	308.30 c
$N_{300}C_8$	190.31 a	161.32 a	170.65 a	336.97 a
$N_{300}C_{16}$	189.04 a	160.19 a	174.28 a	334.48 ab
$N_{300}C_{24}$	187.83 a	158.99 a	175.02 a	334.01 b
C	**	**	**	**
N	**	**	**	**
C×N	NS	NS	NS	NS

注：不同字母表示同一施氮量下不同生物炭处理间差异达 0.05 显著水平，**、* 和 NS 分别表示差异达极显著水平（$P<0.01$）、显著水平（$P<0.05$）以及差异不显著，下同。

表 51 生物炭和氮肥的不同配比对春玉米花后干物质积累的影响

处理	花后干物质积累		
	积累量/（g/株）	占成熟期总干物质比例/%	对籽粒产量的贡献/%
N_0C_0	102.89 b	41.78 c	81.76 b
N_0C_8	114.63 a	42.09 bc	83.54 a
N_0C_{16}	116.37 a	42.65 b	83.51 a
N_0C_{24}	120.22 a	43.72 a	84.09 a
$N_{150}C_0$	131.06 b	43.93 b	81.76 b
$N_{150}C_8$	149.03 a	45.14 a	83.68 a
$N_{150}C_{16}$	146.55 a	44.50 a	83.40 a
$N_{150}C_{24}$	143.78 a	44.47 a	83.06 a
$N_{300}C_0$	130.92 b	42.47 a	81.74 b
$N_{300}C_8$	146.66 a	43.52 a	83.50 a
$N_{300}C_{16}$	145.43 a	43.48 a	83.45 a
$N_{300}C_{24}$	146.17 a	43.84 a	83.66 a
C	**	*	NS
N	**	NS	**
C×N	NS	NS	NS

表 52 生物炭和氮肥的不同配比对春玉米花后干物质转运的影响

处理	花后干物质转运		
	转运量/（g/株）	转运率/%	对籽粒产量的贡献/%
N_0C_0	22.95 a	16.01 a	18.24 a
N_0C_8	22.59 a	14.33 b	16.46 b
N_0C_{16}	22.98 a	14.69 b	16.49 b
N_0C_{24}	22.75 a	14.70 b	15.91 b
$N_{150}C_0$	29.24 a	17.48 a	18.24 a
$N_{150}C_8$	29.06 a	16.05 b	16.32 c
$N_{150}C_{16}$	29.17 a	15.96 b	16.60 bc
$N_{150}C_{24}$	29.32 a	16.33 b	16.94 ab
$N_{300}C_0$	29.25 b	16.49 a	18.26 a
$N_{300}C_8$	28.99 a	15.23 b	16.50 b
$N_{300}C_{16}$	28.85 a	15.26 b	16.55 b
$N_{300}C_{24}$	28.60 ab	15.25 b	16.34 b

（续表）

处理	花后干物质转运		
	转运量/（g/株）	转运率/%	对籽粒产量的贡献/%
C	**	**	NS
N	NS	**	**
C×N	NS	NS	NS

第三节　不同生物炭与氮肥配比对氮素吸收与转运的影响

由表53~表55可知，生物炭和氮均对春玉米吐丝期和成熟期氮素含量影响极显著（$P<0.01$），且二者交互作用极显著。生物炭和氮均可显著增加吐丝期和成熟期植株和籽粒氮含量，N_{300}处理吐丝期和成熟期营养器官氮含量显著大于N_{150}，而2种施氮量对籽粒和成熟期总氮含量无显著影响，说明高量施氮仅增加了营养器官氮含量而没有进一步提高籽粒氮含量。籽粒氮积累主要源于花后氮素的吸收和储存在营养器官中的氮素转运。

生物炭和氮对花后氮素吸收及对籽粒贡献均有极显著影响，且二者交互作用极显著。施生物炭显著增加了花后氮素吸收量、占成熟期总氮比例以及对籽粒氮的贡献率15.76%~48.80%、3.01%~29.29%和2.54%~25.46%，而花后氮素吸收和对籽粒氮的贡献在施氮方面的表现为$N_{150}>N_{300}>N_0$，说明适量施氮更能够促进花后氮素吸收和对籽粒贡献率。各处理的最大值均在N_{150}处理，表现为$N_{150}C_8>N_{150}C_{16}>N_{150}C_{24}$，适量的生物炭和氮肥配施对花后氮素吸收和对籽粒的增幅最大。

生物炭对花后氮素转运及对籽粒贡献均有极显著影响，且二者交互作用极显著。生物炭和氮显著增加了花后氮素转运量9.15%~18.13%和26.30%~39.82%，氮素转运率1.42%~5.05%和1.14%~4.55%，而显著降低了花后转运对籽粒氮的贡献率0.65%~7.97%和1.41%~11.41%。生物炭和氮增加了花后氮素的转运，但降低了对籽粒的贡献，这说明生物炭和氮肥配施增加籽粒氮含量主要是依靠花后氮素积累对籽粒的贡献。

花后干物质积累和转运共同决定了产量的差异。生物炭和氮肥均可显著增加春玉米吐丝期和成熟期的干物质积累，各施生物炭处理和施氮处理间差异不显著。生物炭和氮同时增加了花后干物质的积累量和转运量，但各施用量间差异不显著；生物炭在配施 N_{150} 时可显著提高花后干物质积累率，但降低了转运率；N_{150} 较 N_0 和 N_{300} 维持了更高的干物质积累率和转运率，适量氮配施生物炭能够保证较高的干物质积累和转运。生物炭增加了花后干物质积累对籽粒的贡献，而降低了转运对籽粒的贡献，生物炭能够增加籽粒干物质主要因为对花后干物质的积累。

生物炭和氮肥均显著增加了吐丝期和成熟期的植株和籽粒氮含量，适量氮（N_{150}）配施生物炭对籽粒氮的增加更明显。各处理生物炭配施 N_{150} 均可显著增加花后氮素的吸收和对籽粒的贡献。生物炭和氮肥均显著增加了氮素转运量和转运率，但二者配施降低了转运对籽粒的贡献，说明生物炭和氮配施提高籽粒氮含量主要依靠花后氮素的吸收来实现。

表53 生物炭和氮肥的不同配比对春玉米吐丝期和成熟期氮含量的影响

处理	吐丝期氮含量/（g/株）	成熟期氮含量/（g/株）		
	植株	植株	籽粒	总和
N_0C_0	2.17 b	0.86 b	1.64 b	2.50 c
N_0C_8	2.42 a	0.96 a	1.85 a	2.81 a
N_0C_{16}	2.42 a	0.94 a	1.88 a	2.82 a
N_0C_{24}	2.41 a	0.93 a	1.89 a	2.82 a
$N_{150}C_0$	2.77 b	1.06 b	2.25 c	3.31 c
$N_{150}C_8$	3.01 a	1.14 a	2.66 a	3.81 a
$N_{150}C_{16}$	3.00 a	1.12 a	2.61 ab	3.74 ab
$N_{150}C_{24}$	3.04 a	1.13 a	2.57 b	3.70 b
$N_{300}C_0$	2.88 b	1.15 b	2.22 c	3.37 c
$N_{300}C_8$	3.24 a	1.19 a	2.65 a	3.84 a
$N_{300}C_{16}$	3.21 a	1.18 a	2.61 a	3.79 ab
$N_{300}C_{24}$	3.13 a	1.19 a	2.53 b	3.72 b
C	**	**	**	**
N	**	**	**	**
C×N	**	**	**	**

注：不同字母表示不同处理间差异达 0.05 显著水平，** 表示差异达极显著水平（$P<0.01$），下同。

表 54　生物炭和氮肥的不同配比对春玉米花后氮素吸收的影响

处理	花后的氮素吸收		
	吸收量/（g/株）	占成熟期总氮比例/%	对籽粒氮的贡献/%
N_0C_0	0.33 d	13.38 c	20.38 c
N_0C_8	0.39 c	13.78 b	20.90 b
N_0C_{16}	0.40 b	14.16 ab	21.24 ab
N_0C_{24}	0.41 a	14.44 a	21.58 a
$N_{150}C_0$	0.54 d	16.19 d	23.85 c
$N_{150}C_8$	0.80 a	20.94 a	29.93 a
$N_{150}C_{16}$	0.74 b	19.81 b	28.31 b
$N_{150}C_{24}$	0.61 c	17.90 c	25.76 c
$N_{300}C_0$	0.44 c	14.43 a	21.88 d
$N_{300}C_8$	0.53 b	15.64 a	22.66 bc
$N_{300}C_{16}$	0.57 a	15.38 a	22.35 c
$N_{300}C_{24}$	0.52 b	15.81 a	23.24 a
C	**	**	**
N	**	**	**
C×N	**	**	**

表 55　生物炭和氮肥的不同配比对春玉米花后氮素转运的影响

处理	花后的氮素转运		
	转运量/（g/株）	转运率/%	对籽粒氮的贡献/%
N_0C_0	1.31 b	60.34 b	79.62 a
N_0C_8	1.47 a	60.50 ab	79.10 a
N_0C_{16}	1.48 a	61.18 ab	78.76 b
N_0C_{24}	1.48 a	61.32 a	78.42 b
$N_{150}C_0$	1.71 b	61.68 b	76.15 a
$N_{150}C_8$	1.87 a	62.00 ab	70.07 d
$N_{150}C_{16}$	1.87 a	62.55 ab	71.69 c
$N_{150}C_{24}$	1.91 a	62.84 a	74.24 b
$N_{300}C_0$	1.74 c	60.21 c	78.12 a
$N_{300}C_8$	2.05 a	63.25 a	77.34 a
$N_{300}C_{16}$	2.03 a	63.17 a	77.65 a
$N_{300}C_{24}$	1.94 b	62.02 b	76.76 b
C	**	**	**

（续表）

处理	花后的氮素转运		
	转运量/（g/株）	转运率/%	对籽粒氮的贡献/%
N	**	**	**
C×N	**	**	**

第四节 不同生物炭与氮肥配比对春玉米产量及氮效率的影响

一、对春玉米产量及构成因素的影响

由表56、表57可知，生物炭配施氮肥可显著增加春玉米穗粒数、百粒重及产量（$P<0.05$），且二者的交互作用达到显著水平。

表56 生物炭和氮肥的不同配比对包头试验点春玉米产量及构成因素的影响

地点	处理	穗数/（穗/hm²）	穗粒数/（粒/穗）	百粒重/g	产量/（t/hm²）
包头	N_0C_0	74 250.34 a	565.20 bc	34.51 b	12.31 c
	N_0C_8	73 875.36 a	579.33 a	35.52 a	12.92 a
	N_0C_{16}	73 778.10 a	570.90 b	35.64 a	12.76 ab
	N_0C_{24}	74 667.00 a	562.27 c	35.20 a	12.56 bc
	$N_{150}C_0$	73 444.79 a	613.67 c	36.70 c	14.06 c
	$N_{150}C_8$	74 861.45 a	642.33 a	37.94 b	15.51 a
	$N_{150}C_{16}$	74 305.93 a	625.87 b	38.72 a	15.31 ab
	$N_{150}C_{24}$	74 097.57 a	625.40 b	38.55 a	15.18 b
	$N_{300}C_0$	73 972.55 a	612.07 bc	36.79 c	14.16 b
	$N_{300}C_8$	73 569.78 a	625.40 a	38.01 a	14.86 a
	$N_{300}C_{16}$	74 105.90 a	619.20 ab	38.02 a	14.83 a
	$N_{300}C_{24}$	75 417.03 a	611.33 c	37.38 b	14.65 a
	C	NS	**	**	**
	N	NS	**	**	**
	C×N	NS	**	**	*

注：不同字母表示同一施氮量下不同生物炭处理间差异达0.05显著水平，**、*和NS分别表示差异达极显著水平（$P<0.01$）、显著水平（$P<0.05$）以及差异不显著，下同。

表 57　生物炭和氮肥的不同配比对通辽试验点春玉米产量及构成因素的影响

地点	处理	穗数/（穗/hm²）	穗粒数/（粒/穗）	百粒重/g	产量/（t/hm²）
	N_0C_0	75 411.52 a	588.20 c	35.57 a	13.41 b
	N_0C_8	75 555.96 a	618.60 a	35.76 a	14.21 a
	N_0C_{16}	74 611.49 a	617.67 ab	35.86 a	14.05 ab
	N_0C_{24}	75 167.08 a	610.07 b	35.76 a	13.94 ab
	$N_{150}C_0$	75 667.00 a	662.47 b	35.77 c	15.24 c
	$N_{150}C_8$	75 983.65 a	683.93 a	37.19 a	16.43 a
	$N_{150}C_{16}$	76 500.40 a	681.40 a	36.08 b	15.99 b
通辽	$N_{150}C_{24}$	74 911.52 a	687.20 a	36.36 b	15.91 b
	$N_{300}C_0$	75 222.61 a	654.93 b	35.95 a	15.05 a
	$N_{300}C_8$	74 555.91 a	673.33 a	36.23 a	15.46 a
	$N_{300}C_{16}$	74 722.61 a	671.47 a	36.04 a	15.37 a
	$N_{300}C_{24}$	75 367.08 a	653.67 b	36.04 a	15.09 a
	C	NS	**	**	**
	N	NS	**	**	**
	C×N	NS	**	**	*

　　2 个试验点穗粒数和百粒重在各施氮水平，随生物炭施用量增加呈先增后减的趋势，C_8 和 C_{16} 处理间差异不显著，C_{24} 显著下降，但施生物炭均大于不施生物炭处理，说明过量施生物炭不利于产量的进一步提升。在各施氮水平，施生物炭处理（C_8、C_{16}、C_{24}）穗粒数较不施处理（C_0）显著增加 1.0%~5.2%；包头施生物炭处理百粒重较不施处理显著增加 1.6%~5.5%，通辽仅在 N_{150} 的施生物炭处理显著大于不施处理。在各生物炭水平，穗粒数和百粒重均表现为 $N_{150}>N_{300}>N_0$，施氮处理显著大于不施氮处理 7.2%~12.6%和 0.25%~5.50%。

　　从生物炭水平看，2 个试验点产量随生物炭的增加呈先增后减的趋势，C_8 和 C_{16} 处理差异不显著，C_{24} 处理有所下降，但各生物炭处理均大于不施生物炭处理 0.33%~10.31%。从施氮水平看，施氮显著增加产量 8.81%~20.86%，2 个施氮量间差异不显著。各配施处理均以 $N_{150}C_8$ 为最大值，包头和通辽分别较不施肥（N_0C_0）显著增加 26.1%和 22.5%，较单独施氮

（$N_{150}C_0$）显著增加20.1%和15.6%（$P<0.05$）。

二、对氮效率的影响

从图37可以看出，N_{150}的氮肥农学效率（NAE）、氮肥吸收利用效率（NRE）和氮肥偏生产力（NPFP）分别显著大于N_{300}处理。过量施氮虽增加了产量，但显著降低了氮效率。

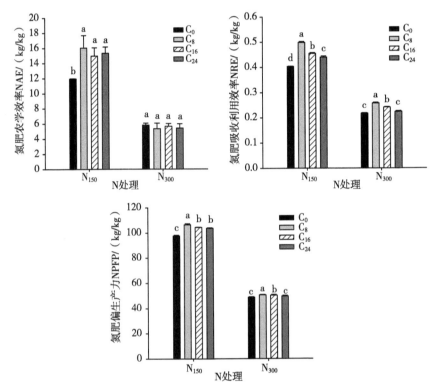

图37　生物炭和氮肥的不同配比对氮效率的影响

图中不同字母代表各处理间差异达显著水平（$P<0.05$）。

N_{150}处理，施加生物炭的NAE显著大于不施处理，N_{300}处理各生物炭量间差异不显著，适量施氮能够有效促进生物炭对NAE的提升。各施氮水平下，C_8和C_{16}处理的NRE较C_0和C_{24}显著增加，适量施生物炭有助于NRE的增加。N_{150}和N_{300}施氮水平，NPFP均随生物炭的增加呈先增后减趋势，均以C_8处理为最大值，C_8生物炭处理在各氮水平均保持了较高的NPEP。各处理氮效率均以$N_{150}C_8$为最大值，NAE为16.30 kg/kg，NRE为

0.5 kg/kg，NPFE 为 106.47 kg/kg。生物炭配施适量氮对氮效率的促进作用
更大，且适量施生物炭较高量施用氮效率更大，因此综合氮效率而言，适量
生物炭和氮肥配施对产量和氮效率效果最佳。

第五节 不同生物炭与氮肥配比下产量与土壤
理化性质的相关性

一、产量与土壤物理性质的关系

通过方差分析可知，生物炭和氮肥配施仅对 0~20 cm 土层土壤结构性
和 0~40 cm 土壤持水性有显著影响（$P<0.05$），因此，分析产量与 0~20 cm
土层土壤容重、孔隙度以及 0~40 cm 土层土壤含水量和蓄水量的相关关系。
由图 38 可知，产量与 0~20 cm 土层土壤结构性极显著相关（$P<0.01$），与
0~40 cm 持水性显著相关（$P<0.05$）。产量先随着容重的减小以及孔隙度的
增加而增加，通过拟合后的线性方程分析，当容重减小到 1.29 g/cm³，孔隙
度增大到 51.5% 左右，产量达到峰值，随后开始减小，适宜的土壤结构性
有利于产量的增加。产量随土壤含水量和蓄水量的增加而增加，当含水量达
到 18.36%，蓄水量达到 51.06 mm 后，产量也将开始减小，而蓄水量在本
试验范围内产量尚未出现下降，说明在本试验处理下，产量随持水性的增加
持续增加。

生物炭和氮肥配施能够显著增加春玉米产量及其构成因素，过量施生物
炭和氮均使产量有下降趋势，但仍大于不施肥处理。N_{150} 处理氮效率显著大
于 N_{300}，C_8 和 C_{16} 处理氮效率显著大于 C_{24}，适量生物炭和氮肥配施对氮效
率的提升更明显。综合产量和氮效率而言，适量生物炭和氮肥配施对产量和
氮效率的提升效果最好。

二、产量与土壤生物学性质的关系

由表 58 可知，产量与 0~10 cm 土层 SMBC、SMBN、SU、CAT、Et 极显
著正相关（$P<0.01$），与 DOC、SMQ、UR 显著相关（$P<0.05$）；产量与
10~20 cm 土层的 AN、SMBN、SU 极显著正相关，与 SMBC、UR 显著相关；
产量与 20~40 cm 土层的 DOC、SU 极显著正相关，与 SMBN 显著相关。产
量与 0~10 cm 土层各生物学性质显著或极显著相关，与 20 cm 土层多数生

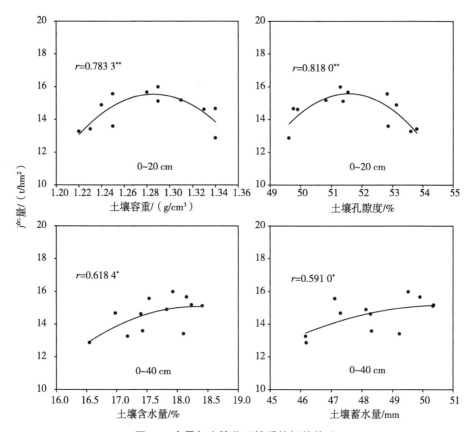

图 38 产量与土壤物理性质的相关关系

表 58 产量与各层土壤生物化学性质的相关分析

土层/cm	C/N	DOC	AN	SMBC	SMBN	SMQ	SU	UR	CAT	Et
0~10	0.466	0.597 *	0.347	0.737 **	0.883 **	0.611 *	0.796 **	0.691 *	0.746 **	0.784 **
10~20	0.092	0.408	0.791 **	0.647 *	0.783 **	0.497	0.877 **	0.604 *	0.061	0.537
20~40	0.061	0.809 **	0.475	0.421	0.718 *	0.293	0.731 **	0.512	−0.003	0.486

注: ** 表示差异达极显著水平（$P<0.01$），* 表示差异达显著水平（$P<0.05$）。

物学性质显著相关，说明表层土壤较高的生物活性与产量关系密切。

产量与 0~20 cm 施生物炭土层土壤结构性极显著相关（$P<0.01$），过大的容重和孔隙度不利于作物生长，适宜的土壤结构性能够显著增加产量；产量与 0~40 cm 土层持水性显著相关，在本试验处理中土壤持水性越大产量越高。产量与 0~20 cm 土层土壤生物化学性质密切相关，表层土壤较高

的生物活性有利于产量提升。

玉米干物质积累是产量形成的基础，而干物质在花后的分配是影响籽粒产量形成的关键因素，籽粒干物质来源主要包括两个方面：花前营养器官干物质的转运和花后籽粒干物质的积累。国内外对玉米干物质的积累和转运已有大量研究[147]，但对于生物炭和氮肥配施调控玉米干物质的研究鲜有报道。

本研究表明，生物炭和氮肥配施可显著增加春玉米吐丝期植株以及成熟期植株和籽粒干物质，但各生物炭处理和施氮处理间差异不显著，增加施入量并不能进一步提高干物质量。150 kg/hm^2 氮配施不同量生物炭能够维持较高花后干物质积累，但降低了转运率和转运对籽粒的贡献率，这说明较高的籽粒干物质是通过提高花后干物质积累实现的。在植株和籽粒含氮量方面，由于环境和基因型不同，到吐丝期，玉米植株积累的氮素通常可以占到全生育期总氮含量的 45%~95%[148,149]，吐丝后储存在叶片和茎秆中的氮素向籽粒中转移，同时吐丝后玉米仍可继续吸收氮素，而这部分氮素也是籽粒氮积累的主要来源之一，吐丝后氮的转运和积累共同决定了籽粒氮含量。本研究中，生物炭和氮均显著增加了吐丝期植株以及成熟期植株和籽粒氮含量，适量氮（N_{150}）配施生物炭对籽粒氮含量的增幅更大，并且显著增加了花后氮素吸收和转运量，但降低了花后转运对籽粒的贡献，说明生物炭和氮肥配施维持较高的籽粒氮含量主要源于花后的氮素吸收对籽粒的贡献。一般来说，较高的籽粒干物质积累可能伴随着相对低的籽粒氮含量，降低这种稀释效应，在提高籽粒产量的同时保证籽粒氮积累，需要同时考虑花前营养器官氮素的转移和花后干物质的积累和氮素的吸收，而生物炭和氮肥配施通过调控土壤理化性质维持了较高的干物质积累以及花后氮素的吸收，进而获得籽粒干物质和氮含量的协同提高。

在本研究中，生物炭和氮肥均能够显著提高春玉米穗粒数、百粒重及籽粒产量，2 个试点均以 8 t/hm^2 生物炭配施 150 kg/hm^2 氮为最大值。从生物炭角度看，C_{24} 处理产量有所下降，但仍高于不施处理，高量施生物炭导致减产是因为生物炭含碳量高，施入土壤后 C/N 过高，降低了土壤氮素的有效性，进而导致了作物减产；另外，生物炭过多导致 SOC 增加的同时促进了微生物活性，与作物根系竞争土壤氮。从氮肥角度看，尽管产量随施氮量增加而提高，但 N_{150} 和 N_{300} 间差异不显著，通过对氮肥农学效率（NAE）、氮肥吸收利用效率（NRE）和氮肥偏生产力（NPFP）的综合分析可知，N_{150} 处理氮效率均显著大于 N_{300} 处理，过量施氮虽增加了产量，但显著降低了氮效率。本研究结果表明，综合产量和氮效率而言，适量生物炭（C_8 和 C_{16}）和氮（N_{150}）配施能够达到高产和高效协同提高的目的，而从经济效益方面考虑，C_8 配施 N_{150} 的经济效益最佳。

通过产量与各土层的容重和孔隙度相关分析表明，过大的容重和孔隙度不利于作物生长，C_8 和 C_{16} 处理配施氮肥后产量较高，而对应的土壤容重在 $1.2 \sim 1.3 \ \mathrm{g/cm^3}$，单独施氮土壤容重大于 $1.3 \ \mathrm{g/cm^3}$，土壤过于紧实，而单独施生物炭容重小于 $1.2 \ \mathrm{g/cm^3}$，土壤过于疏松，均降低了土壤耕性，只有适宜的土壤结构性才能显著增产；而液相值方面，在本试验处理范围内，土壤含水量越大产量越高。通过产量与土壤物理结构的系统分析发现，生物炭和氮肥配施的增产效应是通过显著影响 $0 \sim 20 \ \mathrm{cm}$ 土层的固相值和气相值以及 $0 \sim 40 \ \mathrm{cm}$ 土层的液相值，改善土壤三相比例，使之更趋近理想土壤三相比，从而提高玉米根际土壤保水保肥能力来实现的。同时，通过相关分析可知，$0 \sim 20 \ \mathrm{cm}$ 施生物炭土层土壤生物化学性质与产量密切相关，适量生物炭（C_8 和 C_{16}）和氮（N_{150}）配施的产量、氮效率、微生物数量、微生物熵、土壤碳氮循环相关酶活性均为最大，高量施氮降低了表层土壤微生物数量和酶活性是导致 N_{300} 较 N_{150} 无显著增产的原因之一；虽然土壤碳氮储量以最大量施生物炭和施氮为最大值，但综合生物学性质和产量、氮效率而言，适量生物炭和氮肥配施促进土壤生物化学性质的总体效果最好，且保证了产量和氮效率的协同提高，能够获得持续稳定的高产高效。

参考文献

［1］ DOBERMANN A. Plant nutrient management for enhanced productivity in intensive grain production systems of the United States and Asia ［J］. Plant and Soil, 2002, 247（1）: 153-175.

［2］ TILMAN D, FARGIONE J, WOLFF B, et al. Forecasting agriculturally driven global environmental change ［J］. Science, 2001, 5515（292）: 281-284.

［3］ LIU X J, ZHANG Y, HAN W X, et al. Enhanced nitrogen deposition over China ［J］. Nature, 2013, 494: 459-462.

［4］ GUO J H, LIU X J, ZHANG Y, et al. Significant acidification in major Chinese croplands ［J］. Science, 2010, 5968（327）: 1008-1010.

［5］ LIANG B, YANG X, HE X, et al. Effects of 17 years fertilization on soil microbial biomass C and N and soluble organic C and N in loessal soil during maize growth ［J］. Biology and Fertility of Soils, 2011, 47（2）: 121-128.

［6］ 范明生, 刘学军, 江荣风, 等. 覆盖旱作方式和施氮水平对稻-麦轮作体系生产力和氮素利用的影响 ［J］. 生态学报, 2004, 24（11）: 2591-2596.

［7］ JU X T, XING G X, CHEN X P, et al. Reducing environmental risk by improving N management in intensive Chinese agricultural systems ［J］. Proceedings of the National Academy of Sciences of the USA, 2009, 106（9）: 3041-3046.

［8］ CHEN X P, CUI Z L, PETER M, et al. Integrated soil-crop system management for food security ［J］. Proceedings of the National Academy of Sciences of the USA, 2011, 108（16）: 6399-6404.

［9］ 张卫峰, 马林, 黄高强, 等. 中国氮肥发展、贡献和挑战 ［J］.

中国农业科学，2013，46（15）：3161-3171.

[10] 李少昆，王崇桃. 中国玉米生产技术的演变与发展 [J]. 中国农业科学，2009，42（6）：1941-1951.

[11] 李少昆，王克如，高聚林，等. 内蒙古玉米机械粒收质量及其影响因素研究 [J]. 玉米科学，2018，26（4）：68-73.

[12] 张晓婧，乔光华. 农业供给侧结构性改革以来内蒙古玉米生产变化及问题研究 [J]. 内蒙古科技与经济，2018，409（15）：31-32.

[13] 王志刚，高聚林，张宝林，等. 内蒙古平原灌区高产春玉米（15t·hm^{-2}以上）产量性能及增产途径 [J]. 作物学报，2012，38（7）：1318-1327.

[14] 冯勇，苏二虎，赵瑞霞，等. 加快内蒙古自治区玉米产业化生产进程的对策探讨 [J]. 内蒙古农业科技，2001（3）：1-4.

[15] RENNER R. Rethinking biochar [J]. Environmental Science and Technology，2007，41（17）：5932-5933.

[16] MARRIS E. Putting the carbon back：black is the new green [J]. Nature，2006，442（7103）：624-626.

[17] TENENBAUM D J. Biochar：carbon mitigation from the ground up [J]. Environmental Health Perspectives，2009，117（2）：70-73.

[18] LEHMANN J，GAUNT J，RONDON M A. Biochar sequestration in terrestrial ecosystems：a review [J]. Mitigation and Adaptation Strategies for Global Change，2006，11：403-427.

[19] DEMIRBAS A. Effects of temperature and particle size on biochar yield from pyrolysis of agricultural residues [J]. Journal of Analytical and Applied Pyrolysis，2004，72（2004）：243-248.

[20] GOLDBERG E D. Black carbon in the environment：properties and distribution New York [J]. John Wiely，1985，7（50）：1569.

[21] 袁帅，赵立欣，孟海波，等. 生物炭主要类型、理化性质及其研究展望 [J]. 植物营养与肥料学报，2016，22（5）：1402-1417.

[22] JOSEPH W J，PIGNATELLO J J. Sorption hysteresis of benzene in charcoal particles [J]. Environmental Science and Technology，2003，37（2）：409-417.

［23］ KRAMER R W, KUJAWINSKI E B, HATCHER P G. Identification of black carbon derived structures in a volcanic ash soil humicacid by Fourier transformion cyclotron resonance mass spectrometry ［J］. Environmental Science Technology, 2004, 38 (12): 3387-3395.

［24］ 周桂玉, 窦森, 刘世杰. 生物质炭结构性质及其对土壤有效养分和腐殖质组成的影响 ［J］. 农业环境科学学报, 2011, 30 (10): 2075-2080.

［25］ DOWNIE A, CROSKY A, MUNROE P. Physical properties of biochar ［M］. London: Earthscan, 2009.

［26］ ZHAO X, WANG J W, XU H J, et al. Effects of crop-straw biochar on crop growth and soil fertility over a wheat-millet rotation in soils of China ［J］. Soil Use and Management, 2015, 30 (3): 311-319.

［27］ 张阿凤, 潘根兴, 李恋卿. 生物黑炭及其增汇减排与改良土壤意义 ［J］. 农业环境科学学报, 2009, 28 (12): 2459-2463.

［28］ BELYAEVA O N, HAYNES R J. Comparison of the effects of conventional organic amendments and biochar on the chemical, physical and microbial properties of coal fly ash as a plant growth medium ［J］. Environment Earth Sciences, 2012, 66: 1987-1997.

［29］ NELISSEN V, RüTTING T, HUYGENS D, et al. Maize biochars accelerate short-term soil nitrogen dynamics in a loamy sand soil ［J］. Soil Biology and Biochemistry, 2012, 55: 20-27.

［30］ 孙永明, 李钟平, 黄齐, 等. 施用生物黑炭对红壤旱地理化性状及玉米生长的影响 ［J］. 中国农学通报, 2014, 30 (27): 127-131.

［31］ 刘志华, 李晓梅, 姜振峰, 等. 生物黑炭与化肥配施对大豆根际氮素转化相关功能菌的影响 ［J］. 东北农业大学学报, 2014, 45 (8): 11-19.

［32］ BRAIDA W J, PIGNATELLO J J, LU Y, et al. Sorption hysteresis of benzene in charcoal particles ［J］. Environmental Science and Technology, 2003, 37 (2): 409-417.

［33］ 刘圆, KHAN M J, 靳海洋, 等. 秸秆生物炭对潮土作物产量和

土壤性状的影响 [J]. 土壤学报, 2015, 52 (4): 849-858.

[34] 骆坤, 胡荣桂, 张文菊, 等. 黑土有机碳、氮及其活性对长期施肥的响应 [J]. 环境科学, 2013, 34 (2): 676-684.

[35] POIRIER N, DERENNE S, ROUZAUD J N, et al. Chemical structure and sources of the macromolecular, resistant, organic fraction isolated from a forest soil [J]. Organic Geochemistry, 2000, 31 (9): 813-827.

[36] 张旭东, 梁超, 诸葛玉平, 等. 黑炭在土壤有机碳生物地球化学循环中的应用 [J]. 土壤通报, 2003, 34 (4): 349-355.

[37] 盖霞普, 刘宏斌, 翟丽梅, 等. 玉米秸秆生物炭对土壤无机氮素淋失风险的影响研究 [J]. 农业环境科学学报, 2015, 34 (2): 310-318.

[38] 高德才, 张蕾, 刘强, 等. 不同施肥模式对旱地土壤氮素径流流失的影响 [J]. 水土保持学报, 2014, 28 (3): 209-213.

[39] 高德才, 张蕾, 刘强, 等. 旱地土壤施用生物炭减少土壤氮损失及提高氮素利用率 [J]. 农业工程学报, 2014, 30 (6): 54-61.

[40] 王晶, 解宏图, 朱平, 等. 土壤活性有机质 (碳) 的内涵和现代分析方法概述 [J]. 生态学杂志, 2003, 22 (6): 109-112.

[41] 王慧, 刘金山, 惠晓丽, 等. 旱地土壤有机碳氮和供氮能力对长期不同氮肥用量的响应 [J]. 中国农业科学, 2016, 49 (15): 2988-2998.

[42] EL-MAHROUKY M, EL-NAGGAR A H, USMAN A R, et al. Dynamics of CO_2 emission and biochemical properties of a sandy calcareous soil amended with conocarpus waste and biochar [J]. Pedosphere, 2015, 25 (1): 46-56.

[43] 战秀梅, 彭靖, 王月, 等. 生物炭及炭基肥改良棕壤理化性状及提高花生产量的作用 [J]. 植物营养与肥料学报, 2015, 21 (6): 1633-1641.

[44] 宋大利, 习向银, 黄绍敏, 等. 秸秆生物炭配施氮肥对潮土土壤碳氮含量及作物产量的影响 [J]. 植物营养与肥料学报, 2017, 23 (2): 369-379.

[45] HAMER U, POTTHAST K, MAKESCHIN F. Urea fertilization

affected soil organic matter dynamics and microbial community structure in pasture soils of southern Ecuador [J]. Applied Soil Ecology, 2009, 43 (2): 226-233.

[46] 刘金山, 戴健, 刘洋, 等. 过量施氮对旱地土壤碳、氮及供氮能力的影响 [J]. 植物营养与肥料学报, 2015, 21 (1): 112-120.

[47] LEHMANN J, SILVA J P, STEINER C, et al. Nutrient availability and leaching in an archaeological Anthrosol and a Ferralsol of the Central Amazon basin: fertilizer, manure and charcoal amendments [J]. Plant and Soil, 2003, 249 (2): 343-357.

[48] WANG J Y, PAN X J, LIU Y L, et al. Effects of biochar amendment in two soils on greenhouse gas emissions and crop production [J]. Plant and Soil, 2012, 360: 287-298.

[49] 尚杰, 耿增超, 陈心想, 等. 生物炭对土壤酶活性和糜子产量的影响 [J]. 干旱地区农业研究, 2015, 33 (2): 146-158.

[50] KIM J S, SPAROVE K, LONGO R M, et al. Bacterial diversity of terra preta and pristine forest soil from the Western Amazon [J]. Soil Biology and Biochemistry, 2007, 39: 684-690.

[51] BLACKWELL P, KRULL E, HERBERT A, et al. Effect of banded biochar on dryland wheat production and fertilizer use in southwestern Australia: an agronomic and economic perspective [J]. Australian Journal of Soil Research, 2010, 48: 531-545.

[52] 张伟明, 孟军, 王嘉宇, 等. 生物炭对水稻根系形态与生理特性及产量的影响 [J]. 作物学报, 2013, 39 (8): 1445-1451.

[53] HODGE A, ROBINSON D, FITTER A. Are microorganisms more effective than plants at competing for nitrogen [J]. Trends in Plant Science, 2000, 5 (7): 304-308.

[54] 孟军, 张伟明, 王绍斌, 等. 农林废弃物炭化还田技术的发展与前景 [J]. 沈阳农业大学学报, 2011, 42 (4): 387-392.

[55] RICHARDSON A E. Acquisition of phosphorus and nitrogen in the rhizosphere and plant growth promotion by microorganisms [J]. Plant and Soil, 2009, 321: 305-339.

[56] 赵军, 耿增超, 尚杰, 等. 生物炭及炭基硝酸铵对土壤微生物

量碳、氮及酶活性的影响 [J]. 生态学报，2016，36（8）：
2355-2362.

[57] 陈心想，耿增超，王森，等. 施用生物炭后塿土土壤微生物及
酶活性变化特征 [J]. 农业环境科学学报，2014，33（4）：
751-758.

[58] 顾美英，葛春辉，马海刚，等. 生物炭对新疆沙土微生物区系
及土壤酶活性的影响 [J]. 干旱地区农业研究，2016，34（4）：
225-230.

[59] 徐晓楠，陈坤，冯小杰，等. 生物炭提高花生干物质与养分利
用的优势研究 [J]. 植物营养与肥料学报，2018，24（2）：
444-453.

[60] 刘祖香. 生物黑炭与氮肥配施对典型旱地红壤地力提升效果的
初步研究 [D]. 南京：南京农业大学，2013.

[61] ZHANG A F, LIU Y M, PAN G X, et al. Effect of biochar
amendment on maize yield and greenhouse gas emissions from a soil
organic carbon poor calcareous loamy soil from Central China Plain
[J]. Plant and Soil, 2012, 351：469-475.

[62] 唐光木，葛春辉，徐万里，等. 施用生物黑炭对新疆灰漠土肥
力与玉米生长的影响 [J]. 农业环境科学学报，2011，30（9）：
1797-1802.

[63] 张伟明，管学超，黄玉威，等. 生物炭与化学肥料互作的大豆
生物学效应 [J]. 作物学报，2015，41（1）：109-122.

[64] 张斌，刘晓雨，潘根兴，等. 施用生物质炭后稻田土壤性质、
水稻产量和痕量温室气体排放的变化 [J]. 中国农业科学，
2012，45（23）：4844-4853.

[65] 袁晶晶，同延安，卢绍辉，等. 生物炭与氮肥配施对土壤肥力
及红枣产量、品质的影响 [J]. 植物营养与肥料学报，2017，23
（2）：468-475.

[66] MAJOR J, RONDON M, MOLINA D, et al. Maize yield and
nutrition during 4 years after biochar application to a Colombian
savanna oxisol [J]. Plant and Soil, 2010, 333（1-2）：117-128.

[67] 蔡祖聪，钦绳武. 华北潮土长期试验中的作物产量、氮肥利用
率及其环境效应 [J]. 土壤学报，2006，43（6）：905-910.

［68］ FARRELL M, MACDONALD L M, BUTLER G, et al. Biochar and fertilizer applications influence phosphorus fractionation and wheat yield ［J］. Biology and Fertility of Soils, 2014, 50 (1): 169-178.

［69］ UZOMA K C, INOUE M, ANDRY H, et al. Effect of cow manure biochar on maize productivity under sandy soil condition ［J］. Soil Use and Management, 2011, 27 (2): 205-212.

［70］ MASULILI A, UTOMO W H, SYECHFANI M S. Rice husk biochar for rice based cropping system in acid soil. The characteristics of rice husk biochar and its influence on the properties of acid sulfate soils and rice growth in west Kalimantan, Indonesia ［J］. Journal of Agricultural Science, 2010, 2 (1): 39-47.

［71］ 马欢欢, 周建斌, 王刘江, 等. 秸秆炭基肥料挤压造粒成型优化及主要性能 ［J］. 农业工程学报, 2014, 30 (5): 270-276.

［72］ BHOGAL A, NICHOLSON F A, CHAMBERS B J. Organic carbon additions: Effects on soil bio-physical and physico-chemical properties ［J］. Europen Journal of Soil Science, 2009, 60 (2): 276-286.

［73］ OGUNTUNDE P G, ABIODUN B J, AJAYI A E. Effects of charcoal production on soil physical properties in ghana ［J］. Journal of Plant Nutrient and soil Science, 2008, 171: 591-596.

［74］ 陈红霞, 杜章留, 郭伟, 等. 施用生物炭对华北平原农田土壤容重、阳离子交换量和颗粒有机质含量的影响 ［J］. 应用生态学报, 2011, 22 (11): 2930-2934.

［75］ 潘洁, 肖辉, 程文娟, 等. 生物黑炭对设施土壤理化性质及蔬菜产量的影响 ［J］. 中国农学通报, 2013, 29 (31): 174-178.

［76］ 刘会, 朱占玲, 彭玲, 等. 生物质炭改善果园土壤理化性状并促进苹果植株氮素吸收 ［J］. 植物营养与肥料学报, 2018, 24 (2): 454-460.

［77］ LAIRD D A, FLENUING P, DAVIS D D, et al. Impact of biochar amendments on the quality of a typical midwestern agricultural soil ［J］. Geodema, 2010, 158 (3): 443-449.

［78］ ATKINSON C J, FITZGERALD J D, HIPPS N A. Potential

mechanisms for achieving agricultural benefits from biochar application to temperate soils: a review [J]. Plant and Soil, 2010, 337 (1): 1–18.

[79] HERATH H, CAMPS - ARBESTAIN M, HEDLEY M. Effect of biochar on soil physical properties in two contrasting soils: an Alfisol and an Andisol [J]. Geoderma, 2013, 209/210: 188–197.

[80] 房彬,李心清,赵斌,等. 生物炭对旱作农田土壤理化性质及作物产量的影响 [J]. 生态环境学报, 2014, 23 (8): 1292–1297.

[81] ASAI H, SAMSON B K, STEPHAN H M, et al. Biochar amendment techniques for upland rice production in Northern Laos: soil physical properties, leaf SPAD and grain yield [J]. Field Crops Research, 2009, 111 (1): 81–84.

[82] 勾芒芒,屈忠义,杨晓,等. 生物炭对砂壤土节水保肥及番茄产量的影响研究 [J]. 农业机械学报, 2014, 45 (1): 137–142.

[83] AMYMARIE A D, GSCHWEND P M. Assessing the combined roles of natural organic matter and black carbon as sorbents in sediments in sediments [J]. Environmental Science and Technology, 2002, 36 (1): 21–29.

[84] 吴崇书,邱志腾,章明奎. 施用生物质炭对不同类型土壤物理性状的影响 [J]. 浙江农业科学, 2014, 1623 (10): 1617–1619.

[85] 陈温福,张伟明,孟军. 农用生物炭研究进展与前景 [J]. 中国农业科学, 2013, 46 (16): 3324–3333.

[86] 金峰,杨浩,赵其国. 土壤有机碳储量及影响因素研究进展 [J]. 土壤, 2000, 1 (3): 11–17.

[87] ZWIETEN V L, KIMBER S, MORRIS S, et al. Effect of biochar from slow pyrolysis of papermill waste on agronomic performance and soil fertility [J]. Plant and Soil, 2010, 327 (1/2): 235–246.

[88] 马莉,吕宁,冶军,等. 生物炭对灰漠土有机碳及其组分的影响 [J]. 中国生态农业学报, 2012, 20 (8): 976–981.

[89] 赵军. 生物质炭基氮肥对土壤微生物量碳氮-土壤酶及作物产量

的影响研究［D］.陕西：西北农林科技大学，2016.

［90］ AMELOOT N，NEVE S，JEGAJEEVAGAN K，et al.Short－term CO_2 and N_2O emissions and microbial properties of biochar amended sandy loam soils［J］.Soil Biology and Biochemistry，2013，57：401-410.

［91］ 花莉，金素素，唐志刚.生物质炭输入对土壤 CO_2 释放影响的研究［J］.安徽农业科学，2012，40（11）：6501-6503.

［92］ WARDLE D A，NIELSSON M C，ZACKRISSON O.Fire－derived charcoal causes loss of forest humus［J］.Science，2008，320（5876）：629.

［93］ 王清奎，汪思龙，冯宗炜，等.土壤活性有机质及其与土壤质量的关系［J］.生态学报，2005，25（3）：513-519.

［94］ CHANI A，DEXTER M，PERMTT W K.Hot－water extractable carbon in soils：a sensitive measurement for determining impacts of fertilization，grazing and cultivation［J］.Soil Biology and Biochemistry，2003，35：1231-1243.

［95］ 徐明岗，于荣，孙小凤，等.长期施肥对我国典型土壤活性有机质及碳库管理指数的影响［J］.植物营养与肥料学报，2016，12（4）：459-465.

［96］ 王平，李凤民，刘淑英.长期施肥对土壤生物活性有机碳库的影响［J］.水土保持学报，2010，24（1）：224-228.

［97］ BEESLEY L，DICKINSON N.Carbon and trace element fluxes in the pore water of an urban soil following green waste compost，woody and biochar amendments，inoculated with the earthworm Lumbricus terrestris［J］.Soil Biology and Biochemistry，2011，43（1）：188-196.

［98］ 耿增超.土壤学［M］.北京：科学出版社，2011.

［99］ LIANG X Q，JI Y J，HE M M，et al.Simple N balance assessment for optimizing the biochar amendment level in paddy soils［J］.Communications in Soil Science and Plant Analysis，2014，45（9）：1247-1258.

［100］ 郭俊娒，姜慧敏，张建峰，等.玉米秸秆炭还田对黑土土壤肥力特性和氮素农学效应的影响［J］.植物营养与肥料学报，

2016, 22 (1): 67-75.

[101] 盖霞普. 生物炭对土壤氮素固持转化影响的模拟研究 [D]. 北京：中国农业科学院，2015.

[102] KAMEYAMA K, MIYAMOTO T, SHIONO T, et al. Influence of sugarcane bagasse-derived biochar application on nitrate leaching in calcaric dark red soil [J]. Journal of Environmental Quality, 2012, 41 (4): 1131-1137.

[103] MAGRINI- BAIR K A, CZERNIK S, PILATH H M, et al. Biomass derived, carbon sequestering, designed fertilizers [J]. Annals of Environmental Science, 2009, 3 (1): 217-225.

[104] YAO Y, GAO B, ZHANG M, et al. Effect of biochar amendment on sorption and leaching of nitrate, ammonium, and phosphate in a sandy soil [J]. Chemosphere, 2012, 89 (11): 1467-1471.

[105] 刘丽，石宝友，盖克，等. 化学改性活性炭对水中阿特拉津的吸附去除 [J]. 环境工程学报，2012, 8 (6): 2483-2488.

[106] HOLLISTER C C, BISOGNI J J, LEHMANN J. Ammonium, nitrate, and phosphate sorption to and solute leaching from biochars prepared from corn stover and oak wood [J]. Journal of Environmental Quality 2013, 42 (1): 137-144.

[107] 邢英，李心清，王兵. 生物炭对黄壤中氮淋溶影响：室内土柱模拟 [J]. 生态学杂志，2011, 30 (11): 2483-2488.

[108] DING Y, LIU Y X, WU W X, et al. Evaluation of biochar effects on nitrogen retention and leaching in multi-layered soil columns [J]. Water, Air, Soil Pollut, 2010, 213: 47-55.

[109] OSTROWSKA A, POREBSKA G. Assessment of the C/N ratio as an indicator of the decomposability of organic matter in forest soils [J]. Ecological Indicators, 2015, 49 (2): 104-109.

[110] 徐阳春，沈其荣，冉炜. 长期免耕与施用有机肥对土壤微生物生物量碳、氮、磷的影响 [J]. 土壤学报，2002, 39 (1): 89-96.

[111] 丛日环. 小麦-玉米轮作体系长期施肥下农田土壤碳氮相互作用关系研究 [D]. 北京：中国农业科学院，2012.

[112] LEMKE R, VANDEN BYGAART A, CAMPBELL C, et al. Crop

residue removal and fertilizer N: Effects on soil organic carbon in a long - term crop rotation experiment on audic boroll [J]. Agriculture, Ecosystems and Environment, 2010, 135 (1): 42-51.

[113] GAI X, WANG H, LIU J, et al. Effects of feedstock and pyrolysis temperature on biochar adsorption of ammonium and nitrate [J]. Plos One, 2014, 9 (12): 1-19.

[114] 刘玉学, 刘微, 吴伟祥, 等. 土壤生物质炭环境行为与环境效应 [J]. 应用生态学报, 2009, 20 (4): 977-982.

[115] 刘玮晶, 刘烨, 高晓荔, 等. 外源生物质炭对土壤中铵态氮素滞留效应的影响 [J]. 农业环境科学学报, 2012, 31 (5): 962-968.

[116] 王晓龙, 胡锋, 李辉信, 等. 红壤小流域不同土地利用方式对土壤微生物量碳氮的影响 [J]. 农业环境科学学报, 2006, 25 (1): 143-147.

[117] 闵九康. 生物质在现代农业中的重要作用 [M]. 北京: 化学工业出版社, 2013.

[118] SABAHI H, VEISI H, SOUFIZADEH S, et al. Effect of fertilization systems on soil microbial biomass and mineral nitrogen during canola development stages [J]. Communications in Soil Science and Plant Analysis, 2010, 41 (14): 1665-1673.

[119] 尚杰, 耿增超, 王月玲, 等. 施用生物炭对土微生物量碳、氮及酶活性的影响 [J]. 中国农业科学, 2016, 49 (6): 1142-1151.

[120] DEMPSTER D N, GLCCSON D B, SOLXIMXN Z M, et al. Decreased soil microbial biomass and nitrogen mineralisation with Eucalyptus biochar addition to a coarse textured soil [J]. Plant and Soil, 2011, 354 (1/2): 311-324.

[121] PAINTER T J. Carbohydrate polymers in food preservation: an integrated view of the Maillard reaction with special reference to discoveries of preserve foods in Sphagnum dominated peat bogs [J]. Carbohydrate Polymers, 2001, 36 (4): 335-347.

[122] 黄超, 刘丽君, 章明奎. 生物质炭对红壤性质和黑麦草生长的

影响 [J]. 浙江大学学报：农业与生命科学版, 2011, 37 (4): 439-445.

[123] OLESZCZUK P, JOSKO I, FUTA B, et al. Effect of pesticides on microorganisms, enzymatic activity and plant in biochar-amended soil [J]. Geoderma, 2014, 214/215: 10-18.

[124] LEHMANN J, RILLIG M C, THIES J, et al. Biochar effects on soil biota-a review [J]. Soil Biology and Biochemistry, 2011, 43 (9): 1812-1836.

[125] 关松荫. 土壤酶及其研究法 [M]. 北京：中国农业出版社, 1986.

[126] 张继旭, 张继光, 张忠锋, 等. 秸秆生物炭对烤烟生长发育、土壤有机碳及酶活性的影响 [J]. 中国烟草科学, 2016, 37 (5): 16-21.

[127] 黄剑, 张庆忠, 杜章留, 等. 施用生物炭对农田生态系统影响的研究进展 [J]. 中国农业气象, 2012, 33 (2): 32-239.

[128] 周震峰, 王建超, 饶潇潇. 添加生物炭对土壤酶活性的影响 [J]. 江西农业学报, 2015, 27 (6): 110-112.

[129] 冯爱青. 控释氮肥及生物炭对小麦-玉米养分利用及土壤酶活性的影响 [D]. 山东：山东农业大学, 2014.

[130] 赵军, 耿增超, 张雯, 等. 生物炭及炭基硝酸铵肥料对土壤酶活性的影响 [J]. 西北农林科技大学学报（自然科学版）, 2015, 43 (9): 123-130.

[131] 刘世杰, 窦森. 黑碳对玉米生长和土壤养分吸收与淋失的影响 [J]. 水土保持学报, 2009, 3 (1): 79-82.

[132] JEFFERY S, VERHEIJEN F G A, VELDE M. A quantitative review of the effects of biochar application to soils on crop productivity using meta-analysis [J]. Agriculture, Ecosystems and Environment, 2011, 144 (1): 175-187.

[133] LIU X Y, ZHANG A F, JI C, et al. Biochar's effect on crop productivity and the dependence on experimental conditions: a meta-analysis of literature data [J]. Plant and Soil, 2013, 373 (1): 583-594.

[134] LIANG F, LI G T, LIN Q M, et al. Crop yield and soil properties

in the first 3 years after biochar application to a calcareous soil [J]. Journal of Integrative Agriculture, 2014, 13: 525-532.

[135] GLASER B, LEHMANN J, ZECH W. Ameliorating physical and chemical properties of highly weathered soils in the tropics with charcoal-a review [J]. Biology and Fertility of Soils, 2002, 35 (4): 219-230.

[136] CHAN K. Y, VAN ZWIETEN L, MESZAROS I, et al. Agronomic values of green waste biochar as a soil amendment [J]. Soil Research, 2007, 45 (8): 629-634.

[137] 张娜, 李佳, 刘学欢, 等. 生物炭对夏玉米生长和产量的影响 [J]. 农业环境科学学报, 2014, 33 (8): 1569-1574.

[138] 张晗芝, 黄云, 刘钢, 等. 生物炭对玉米苗期生长、养分吸收及土壤化学性状的影响 [J]. 生态环境学报, 2010, 19 (11): 2713-2717.

[139] DONG D, YANG M, WANG C, et al. Responses of methane emissions and rice yield to applications of biochar and straw in a paddy field [J]. Journal of Soil and Sediments, 2013, 13: 1450-1460.

[140] RAJKOVICH S, ENDERS A, HANLEY K, et al. Corn growth and nitrogen nutrition after additions of biochars with varying properties to a temperate soil [J]. Biology and Fertility of Soils, 2012, 48 (3): 271-284.

[141] 薛超群, 杨立均, 王建伟. 生物质炭用量对烤烟烟叶净光合速率和香味物质含量的影响 [J]. 烟草科技, 2015, 48 (5): 19-22.

[142] 曲晶晶, 郑金伟, 郑聚锋, 等. 小麦秸秆生物质炭对水稻产量及晚稻氮素利用率的影响 [J]. 生态与农村环境学报, 2012, 28 (3): 288-293.

[143] 张爱平, 刘汝亮, 高霁, 等. 生物炭对宁夏引黄灌区水稻产量及氮素利用率的影响 [J]. 植物营养与肥料学报, 2015, 21 (5): 1352-1360.

[144] 董玉兵, 吴震, 李博, 等. 追施生物炭对稻麦轮作中麦季氨挥发和氮肥利用率的影响 [J]. 植物营养与肥料学报, 2017, 23

(5): 1258-1267.

[145] CHAN K Y, VAN ZWIETEN L, MESZAROS I, et al. Using poultry litter biochars as soil amendments [J]. Soil Research, 2008, 46 (5): 437-444.

[146] STEINER C B, GLASER B, TEIXEIRA W G, et al. Nitrogen retention and plant uptake on a highly weathered central Amazonian Ferralsol amended with compost and charcoal [J]. Journal of Plant Nutrition and Soil Science, 2010, 171 (6): 893-899.

[147] NING P, LI S, YU P, et al. Post - silking accumulation and partitioning of dry matter, nitrogen, phosphorus and potassium in maize varieties differing in leaf longevity [J]. Field Crops Research. 2013, 144: 19-27.

[148] HOU P, GAO Q, XIE R, et al. Grain yields in relation to N requirement: Optimizing nitrogen management for spring maize grown in China [J]. Field Crops Research, 2012, 129: 1-6.

[149] KOSGEY J R, MOOTA D J, FLETCHER A L, et al. Dry matter accumulation and post-silking N economy of 'stay-green' maize hybrids [J]. European Journal of Agronomy, 2013, 51: 43-52.